飼育・繁殖・健康管理・品種など、逆引きだからすぐ使える！

ヒョウモントカゲモドキ

お悩み解決事典

中川 翔太 ・ 著
川添 宣広 ・ 編・写真

はじめに

爬虫類の中で最も広く飼育されているものは何か？ と問われたら、
ヒョウモントカゲモドキ（レオパードゲッコー）であると
答えても過言ではないでしょう。
それほどまでにヒョウモントカゲモドキはポピュラーな爬虫類です。
レオパの愛称で親しまれ、ビギナーからマニアまで幅広い層に飼育されています。
それ故、飼育や品種などについての疑問もさまざま。
実際、年間1,000匹近いヒョウモントカゲモドキを繁殖させている筆者ですら、
飼育・繁殖を行う中でたくさんの疑問にぶつかったり、
「そんな視点もあるんだ」といった質問をされたりすることも少なくありません。
本書では、ヒョウモントカゲモドキを迎える前や、
飼育をしていると湧き起こるさまざまな疑問にお答えします。
通常の飼育実用書と違い、日頃飼い主が抱く疑問に答えていく「逆引き」のスタイルなので、
迷わず問題解決ができることでしょう。

CONTENTS
目次

What is a leopard gecko?

01

Keeping

02

Breeding

03

コラム
COLUMN

Health management 04

About Morph 05

Morphs 06

ヒョウモントカゲモドキの
名前の由来と意味は？

脱皮するの？
寿命はどれくらい？

どんな所に
棲んでいるの？

野生ではいつ行動して
何を食べてる？

飼育に許可は
必要？

ヒョウモントカゲモドキとは？

What is a leopard gecko? 01

体はどんなふうに
なっているの？

ペットとして流通する爬虫類の多くは、たとえCB（繁殖個体）であって
も野生本来の生態が濃く残り、犬猫ほど家畜化されていません。家畜化
とは、簡単に言えば飼育・繁殖方法が確立され、人間に合わせて改良が
進んだ状態にあるもの。家畜化が進んでいない爬虫類の多くは、生態や
生息環境・体の構造を考慮しながら飼育方法を練る必要があります。そ
んな爬虫類の中でもヒョウモントカゲモドキは例外的に家畜化が進んで
いると言っても良く、「こうすれば飼える」といった飼育のテンプレート
があります。では、なぜこの方法で飼えるの？　と考えたことはありま
せんか。そこには、他の爬虫類の飼育と同様に、ヒョウモントカゲモド
キがどんな生き物であるかを熟考したうえでの裏打ちがあるのです。ヒョ
ウモントカゲモドキの生態や生息環境・体の構造、さらには流通の歴史
などを知っておくことは、飼育の助けとなるでしょう。

毒はないの？

触れるの？
ハンドリング
できるの？

尻尾は切れるの？

どこから日本に
やってくるの？

いつ頃から流通しているの？

ヒョウモントカゲモドキとは

飼育編

繁殖編

健康管理編

品種編

品種紹介

他のトカゲモドキの仲間

ヒョウモントカゲモドキの名前の由来と意味は？

Question

Answer

　和名はヒョウモントカゲモドキ、英名では Leopard Gecko（レオパードゲッコー）と呼ばれ、愛称である「レオパ」は英名を略したものです。いわゆる爬虫類の仲間で、イモリなどを含む両生類ではありません。学名は *Eublepharis macularius* と表記され、生物分類学的にはアジアトカゲモドキ属（*Eublepharis*）のヒョウモントカゲモドキ種（*macularius*）とされます。「ヒョウモン」「レオパード」「*macularius*」は、いずれもヒョウモントカゲモドキの特徴である体の斑紋（豹紋）を示すもので、彼らの名前はその模様に起因しています。

　「トカゲモドキ」という奇妙な名前は、彼らの体の特徴に由来します。「トカゲ」とは生き物のトカゲです。「モドキ」とは、平たく言えば「似ているけど違うもの」といった意味合い。トカゲモドキ類は有隣目（ヘビ類やトカゲ類が含まれるグループ）トカゲ亜目ヤモリ下目トカゲモドキ科に属します。つまり、広い意味ではヤモリの仲間。しかし、トカゲモドキは一般にヤモリ類に備わっている壁に貼り付くための指の構造（趾下薄板）を有さず、ヤモリ類が持たない瞼を備えるなど独特の特徴が見られます。「ヤモリなのにヤモリの特徴を持たず、トカゲのような特徴を持っている」「トカゲに似ているけどトカゲではない」といったことから、「トカゲモドキ」と呼ばれています。

瞼があり目を瞑ることができるヒョウモントカゲモドキ

瞼を持たないニホンヤモリ

ヒョウモントカゲモドキ。壁に貼り付くことはできません

ニホンヤモリ（裏側）。趾下薄板があり、壁に貼り付くことができます

ヒガシニホントカゲの指先

どんな所に棲んでいるの？

Question

Answer

野生下のヒョウモントカゲモドキは、インド北西部からパキスタン・アフガニスタン南部にかけて分布しています。生息地はからからに乾いた砂の砂漠ではなく、やや乾燥した平原や荒野などです。また、常夏ではなく、四季があります。降水量の多い季節や湿度の高い蒸し暑い季節も訪れ、地域によっては雪が降ることも。

そういった環境で、ヒョウモントカゲモドキは基本的に春から夏にかけて活動し、秋から冬にかけて冬眠することが知られています。冬眠明けには繁殖期が到来し、1匹のオスに複数のメスでハーレムを形成することが多いです。

ヒョウモントカゲモドキの分布域

パキスタンのパンジャーブ州ムルターンと
東京都の年間気温の比較

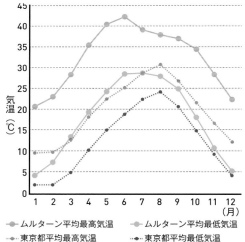

ムルターン平均最高気温　ムルターン平均最低気温
東京都平均最高気温　東京都平均最低気温

生息地（荒地）のイメージ

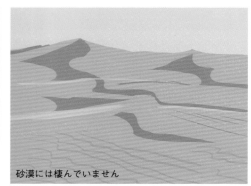

砂漠には棲んでいません

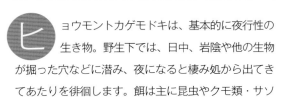

野生ではいつ行動して何を食べてる？

Question

ヒョウモントカゲモドキとは

飼育編

繁殖編

健康管理編

品種編

品種紹介

他のトカゲモドキの仲間

A Answer

ヒョウモントカゲモドキは、基本的に夜行性の生き物。野生下では、日中、岩陰や他の生物が掘った穴などに潜み、夜になると棲み処から出てきてあたりを徘徊します。餌は主に昆虫やクモ類・サソリ類などの節足動物で、成長に伴い小型の爬虫類や齧歯類の子供など、比較的大きな獲物でも捕食するとされています。

飼育に許可は必要？

Question

Answer

ヒョウモントカゲモドキの飼育に法的な許可は必要ありません。ショップやブリーダーから購入して、気軽に飼育をスタートすることができます。販売者は、動物愛護管理法に基づき、自治体に動物取扱業の登録を行います。無登録販売は動物愛護管理法違反として罰せられる場合もあります。

ヒョウモントカゲモドキは愛玩爬虫類の代表とも言える存在ですが、彼らが感染しうるクリプトスポリジウム症が在来のトカゲモドキ類をはじめとした生物に深刻な影響を与える可能性があるとして、生態系被害防止外来種リスト（前身は要注意外来生物リストと呼ばれていたもの）に掲載されています。ただし、ヒョウモントカゲモドキはミシシッピアカミミガメなどのように日本に定着していません。在来種やヒョウモントカゲモドキのためにも、逸脱には十分注意し、野外に逃がすことのないようにしましょう。

万が一、手放さなくてはならない場合はショップや飼育仲間などに相談してください。

日本（沖縄諸島）にもいるトカゲモドキ（クロイワトカゲモドキ）。天然記念物に指定

体はどんなふうに
なっているの？

Question

ヒョウモントカゲモドキとは

飼育編

繁殖編

健康管理編

品種編

品種紹介

他のトカゲモドキの仲間

Answer

総排出口

尾の付け根にあります。糞尿の排出のほか、交尾や産卵にも関係します。この付近の特徴は雌雄の判定に用います。詳しくは（繁殖編 P.79「雌雄の見分けかたは？」）に記載します。

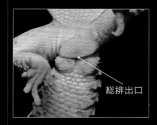

総排出口

四肢と指

前肢と後肢に5本ずつ指があります。多くのヤモリは指の裏に趾下薄板を持つため、垂直な壁を登ることができますが、ヒョウモントカゲモドキはこれを有さないため、爪が引っかからないような壁面は登れません。彼らの足は産卵の際などに穴を掘るのにも役立ち、土がなくともケージの隅を掘るように前肢で掻く様子が観察できます。

皮膚

細かな鱗で覆われ、背中には突起状の大きめの鱗も並びます。いぼぼに見えているのはこの大きめの鱗。

耳

短い外耳道があり、奥には鼓膜が見えます。耳の穴付近に触れると、外耳道を閉じる様子が観察できます。

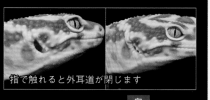

指で触れると外耳道が閉じます

鼻

人間と同じく呼吸と嗅覚に関わります。

目

多くのヤモリが持たない瞼があり、これはトカゲモドキの名の由来でもあります。眼に入る光の量は虹彩によって調整されます。明るい場所では瞳孔が閉じていて黒目の部分がほとんど見えませんが、暗い場所では瞳孔が開き、黒目が大きく見えます。マーブルアイやエクリプスといった品種では虹彩の色が変化するため、周囲の明るさにかかわらず、眼の色が変化します。

尾

栄養の貯蔵庫で、十分な栄養を採っている個体の尾は太くなります。餌を得られない期間も、貯めた栄養で乗り切ることができます。危険が迫った際には自切（じせつ）し、その後は時間をかけて再生します。尾の骨や筋肉などには予め自切する構造があり、自切した断面はきれいで出血もあまりありません。自切について詳しくは、P.11「尻尾は切れるの？」に記載します。

口

上下の顎に細かな歯が並んでいます。餌を捕るだけでなく、脱皮の際に皮を脱ぐのにも使います。舌は扁平で、水を舐め取るほか、目に付いた水滴などを舐め取る役割もあります。また、爬虫類の口蓋にはヤコブソン器官があり、これにはにおいを感じる神経の一部が伸びています。ヘビやオオトカゲは舌を積極的に出し入れすることで空気中の化学物質を舌に付着させ、ヤコブソン器官に送り、においを嗅いでいます。

毒はないの？

Question

Answer

 々しい色をした品種もありますが、毒性の物質は持っていません。生息地では外見から毒を持っていると勘違いされることもあるようです。毒がないとはいえ噛まれると出血する場合

もあり、傷口を洗って消毒などを行いましょう。筆者は何度か噛まれたことがありますが、ほとんどは出血まで至っていません。唯一出血したのはスーパージャイアントのオスに思いっきり噛まれた時です。

スーパージャイアントの大型個体。おとなしい個体が大半ですが、万一噛まれることがあったら消毒をしてください

ヒョウモントカゲモドキとは

飼育編

繁殖編

健康管理編

品種編

品種紹介

他のトカゲモドキの仲間

尻尾は切れるの？

Question

Answer

日本に生息しているヤモリを捕まえたことのある人は、掴んだ際に尻尾を切られた経験をしたかもしれません。これは自切（じせつ）といって、尻尾を自ら切り落としておとりとし、敵から自分の命を守る行為です。切られた後も尾はしばらくの間うねうねと動き続け、外敵が尾に注目している間に本体は逃げて命を守る。

ヒョウモントカゲモドキも日本に棲むヤモリ同様、自切をします。慣れたCB個体であればそうそう自切をするものではありませんが、まだ警戒心の高いベビーではしばしば見られます。また、アダルトであっても尾を掴むといった乱暴な扱いをしたり、ケージの扉に挟んだりすると自切する場合があります。当たり前のことですが、ていねいに扱っていれば自切することはそう多くはないので、慎重に扱いましょう。

自切後の出血はほとんどなく、尾は再生します。これを再生尾と呼びます。しかし、完全に元どおりになるわけではなく、太短くなり、骨は軟骨に置き換わります。また、肌触りも変わります。自切後の管理については健康管理編 P.105「自切をした場合は？」で紹介します。

自切したヒョウモントカゲモドキ

再生尾の個体。左と同一個体

触れるの？
ハンドリングできるの？

Question

Answer

ヒョウモントカゲモドキは比較的触れる爬虫類です。ただし、爬虫類全般に言えることですが、過度なハンドリングはストレスに繋がるため、控えたほうが良いでしょう。また、犬猫のようにわしゃわしゃと撫でるような触れ合いも控えてください。心構えと言うと大げさですが、彼らが人間の身体をアスレチックにするような触れ合いかたが良いです。ただし、給餌直後のハンドリングは吐き戻しに繋がるため、控えます。

多くの爬虫類は上から突然触れられることを極端に嫌がる傾向にあります。これは地面を這う生活を送る彼らの天敵が鳥などの自らの上から飛びかかってくる動物が多いためではないかと推測されます。このため、真上から掴むなどの行為は避け、側面や下のほうから優しく持ち上げましょう。よくハムスターなどを触るようにヒョウモントカゲモドキの背中を撫でる人がいますが、こういった触りかたは推奨できません。手や腕に乗せた後は彼らの動きに合わせて下から足場を作るようにハンドリングします。

なお、ヒョウモントカゲモドキが強く警戒している時は前傾姿勢となって尾を振り上げてくねくねと振ります。この行動をしたら、あまり触れないようにしましょう。

ハンドリング例

警戒態勢

ヒョウモントカゲモドキとは

飼育編

繁殖編

健康管理編

品種編

品種紹介

他のトカゲモドキの仲間

どうして人気なの？

Question

Answer

ヒョウモントカゲモドキは、毛が飛ばない（抜けない）・犬のような散歩の必要がない・鳴かない・省スペースで飼える・飼育器材が簡便・専用の配合飼料がある、といった現代の日本の住宅事情に合ったペットです。さらに、飼育・繁殖方法もある程度確立されており、品種が非常に豊富で自分好みの個体を選べるうえに、流通量も非常に多く価格帯も広いです。また、意外がられることが多いのですが、寿命が長く、動きは比較的ゆったりで、ハンドリングも容易。正面顔が笑顔に見えるな

どそのキャラクター性もあって、爬虫類の中でも最も普及している種類であると言って良いでしょう。

さらに、愛玩動物として愛でるだけでなく、オリジナルの品種を目指してブリードができるため、世界中に愛好家が存在し、日本国内にも多数のブリーダーがいます。このように、単にヒョウモントカゲモドキと言っても1匹ないし数匹を愛でる飼育者から、数十から数百といった単位でブリードに取り組むベテランまで、幅広い楽しみかたができることも人気の一因でしょう。

いつ頃から流通しているの？

Question

Answer

ヒョウモントカゲモドキは、欧米では1960年頃、日本でも1980年頃からペットとして流通していました。今でこそ爬虫類飼育の初心者向けともされていますが、流通初期のヒョウモントカゲモドキはほぼ野生採取個体（WC個体：Wild Caught。野生採取個体）が占め、げっそりした個体も多く、とても初心者向けとは言えないものだったそうです。ところが、1990年頃から繁殖個体（CB個体：Captive Breed の略。飼育下繁殖個体）の流通も盛んになり、飼育方法も確立され、時代の流れと共にさまざまな品種が作出されて健康かつ比較的安価に入手できるようになりました。

現在、生息地の政情不安定などにより野生個体はほぼ流通せず、流通する個体のほとんどがCB個体です。また、野生個体群の減少や感染症の媒介などのさまざまな観点から、近年、野生動物のペット利用が問題視されている反面、実際にペットとして流通する爬虫類にはWC個体が少なくありません。

そのような中で、ヒョウモントカゲモドキは家畜化が進んだ爬虫類と言っても過言ではなく、ペット利用が野生個体に負担をかけない動物として認知されつつあります。

WC個体

どこから日本にやってくるの？

Question

Answer

ヒョウモントカゲモドキとは

飼育編

繁殖編

健康管理編

品種編

品種紹介

他のトカゲモドキの仲間

前 項（P.14）で示したとおり、現在ではヒョウモントカゲモドキの WC 個体が原産地から日本に輸入されることはほぼありません。大半が人の手でブリードされた CB 個体です。では、どこの国から輸入された個体かというと、アメリカやカナダ・ポーランドやオランダといったヨーロッパ諸国・中国・韓国、他にも、ブラジルやインドネシアなどさまざまな国でブリードされたものが輸入されています。アメリカには LeopardGecko.comや Geckos Etc.・JMG Reptile、カナダには The Urban Gecko、ポーランドには Ultimate Gecko

といったように諸外国には古くから続く大規模なファームも多く、これらのような名称を日本で耳にすることも少なくありません。

　従来は輸入個体の多かったヒョウモントカゲモドキですが、現在では日本 CB の流通も増加しており、ブリーダー直販でなくとも専門ショップで見かけることも多いです。日本 CB はブリーダーとの距離が近いため、生年月日や親個体などを詳しく把握しやすい、輸送ストレスが少ないなどのメリットがあります。

ブリーダーズイベント（ぷりくら市／関西・とんぶり市やHBM ／東京・SBS ／四国など）では、日本生まれのヒョウモントカゲモドキが多数見かけられます

脱皮するの？
寿命はどれくらい？

Question

Answer

ヒョウモントカゲモドキは他の爬虫類と同じく脱皮します。「脱皮」といえばエビやカニ・昆虫のような節足動物でも知られており、成長することが主な目的です。一方、爬虫類の脱皮は古い皮を脱ぎ、新しい皮となることによる新陳代謝が主な目的。人間で言えば垢が落ちるようなものです。つまり、ヒョウモントカゲモドキは生まれてから死ぬまで脱皮を繰り返します。もちろん、生育ステージや温度などの条件によって脱皮の頻度が異なります。

ヒョウモントカゲモドキの脱皮は、まず鼻の先端から始まります。この部分を何かに擦り付けて剥いていき、ある程度脱げたら口を使って足や尾に向かって器用に脱いでいきます。眼もまるでコンタクトレンズを外すように脱皮します。飼育していると時折見ることができるので機会に恵まれたら観察してみましょう。脱いだ後の皮は食べてしまいます。うまく消化ができていなければ、糞にそのままの姿で混じることもあります。この脱皮が正常に行えないことを脱皮不全と呼びます。これについては健康管理編 P.100「脱皮片が残っているがどうしたら良いの？」で詳しく記載します。

よく質問されるヒョウモントカゲモドキの寿命ですが、健康に飼育できていれば10年を超えることは珍しくありません。長いものでは20年以上飼育されている個体もいます。長い付き合いになるため、よく考えて納得できる個体を迎えると良いでしょう。

古い皮は食べてしまいます

飼育設備は購入後に
用意しても間に合う？

どの餌が良いの？

どこで迎えるの？

成長すると
見ためが変わる？

ベビーからアダルトで
違いはある？

オスとメスで飼育や
健康に違いはある？

飼育編

Keeping 02

迎えた直後は
どうするの？

照明は必要？

今やペットとして広く親しまれているヒョウモントカゲモドキは、専門
ショップやブリーダーからだけではなく、イベントやホームセンターな
ど購入先も多岐に渡ります。また、飼育用品をとってもいろいろな製品
があり、餌だけでも人工飼料と虫が揃い、虫にもさまざまな種類が流通
しています。さらに、品種による特性も多様。ここでは迎える個体の選
びかたから飼育の方法などに関する疑問にお答えします。衝動買いでは
なく、事前に知識も準備して迎えると良いでしょう。

CBとWCの
違いはあるの？

体はどんなふうに
なっているの？

自宅の環境に慣れるの？

何を聞いて
おくの？

困った時には
誰に相談する？

どうやって連れて
帰ればいい？

出生国で扱いに違いはあるの？

どこで迎えるの？

Question

Answer

今やヒョウモントカゲモドキは爬虫類専門ショップやブリーダー・展示即売イベントだけでなく、総合ペットショップやホームセンターでも購入することもできます。購入先に決まりはありませんが、初めての場合は購入時だけでなくアフターフォローもしっかりした専門店やブリーダーが良いでしょう。また、教えてくれることだけではなく、自分でも書籍などを利用して情報を集めるよう

にしたいところです。品種や血筋・ヘテロ（P.112参照）などの情報にこだわりがある場合は、同じくこだわりのあるショップやブリーダーからの購入がお勧めです。

展示即売イベントで購入する場合は、イベントの特性を理解して参加するのも良いでしょう。プロショップが一堂に会する大規模イベント・大勢のブリーダーが繁殖個体を持ち寄るブリーダーズイベン

購入先の専門店では飼育に関するアドバイスを聞くことができます

トのほか、特定のジャンルだけに焦点を絞ったイベントも存在します。イベントの詳細は公式ホームページや専門誌などをチェックしてみましょう。なお、イベントは大勢の人で賑わい、慌しないものです。事前に飼育の基礎を学んだうえで、焦らずにじっくりと個体を選び、必要なことをしっかり質問して購入しましょう。

爬虫類の購入の際には法令で定められた控えの書類が必ず手渡されます。この書類には販売者の名前や個体の情報などが明記されているため、大切に保管しておきましょう。ブリーダーによっては購入個体や親についての情報を詳細に記載したシートや飼育方法の書類・名刺などを添えてくれるため、こちらも紛失しないように保管しておきます。

購入時に手渡される
説明書

爬虫類イベントの様子。
ぷりくら市（関西）・と
んぷり市（関東）・HBM
（東京）・SBS（四国）・
九州爬虫類フェス（九
州）・ゲッコーマーケッ
ト（関東）などが挙げら
れます

飼育設備は個体の購入後に用意しても間に合う？

Question

Answer

間に合うか間に合わないかで言えば間に合いますが、推奨できません。ヒョウモントカゲモドキの飼育には、熱帯魚の飼育などに必要な飼育水を整える時間などは必要なく、暖かい季節にごく数日ならば購入時の簡易的な入れ物のままでもやり過ごせます。しかし、こういった手段はある程度ヒョウモントカゲモドキという生き物を理解した飼育者でなければ、トラブルの元となるため避けましょう。

　最善の方法としては、迎え入れ日の数日前には飼育用品一式を準備し、保温器具の稼働状況やケージ内の温度・湿度、飼育する部屋自体の環境をチェックしておくことです。迎え入れ直後は餌を控える必要があるため、餌については連れて帰る際に実際に食べているものを購入しても間に合います。ショップで購入の場合は、できるならば個体を売約で取っておいてもらい、飼育環境のセッティングなどを済ませて迎えます。イベントなどで購入する場合は、当日に関連器具も買って帰りましょう。この際、安直な衝動買いになっていないかなどは十分に考慮してください。通販で飼育用品を買ったほうが安いからと用意を後回しにして、器材が届くまでヒョウモントカゲモドキを購入時の簡易的な容器に入れておくことなどはお勧めできません。

爬虫類イベントでは、飼育用品をメインで取り扱うブースも出展しています

ヒョウモントカゲモドキとは

飼育編

繁殖編

健康管理編

品種編

品種紹介

他のカゲモドキの仲間

ベビーからアダルトで 違いはある？

Question

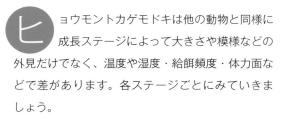

Answer

　ヒョウモントカゲモドキは他の動物と同様に成長ステージによって大きさや模様などの外見だけでなく、温度や湿度・給餌頻度・体力面などで差があります。各ステージごとにみていきましょう。

　なお、ステージの目安として記載している期間や大きさは、飼育環境・与えている餌の種類などによって変わります。あくまで目安と考えてください。また、餌の大きさはクロコオロギを指標にしています。他の餌を与える場合は、飼育個体に合わせたサイズのものを与えてください。

ベビー（幼体）

- ステージの目安：生後1カ月程度、全長12cm程度まで
- 温度：高温部で30～32℃前後・低温部で26～28℃前後
- 湿度：60～80%程度（ケージ内全体で高めが良い）
- 餌の大きさ：S～Mサイズ程度のコオロギ
- 給餌頻度：毎日から1日おき、食べるだけ与える

　最もデリケートかつ成長の速いステージ。神経質な面もあり、自切などの事故も起きやすいです。ベビーからヤングでは、特にケージにはシェルターを入れたほうが落ち着きます。購入する場合は少なくとも生後2週間以上経った、餌を食べている個体を選びましょう。心配な場合は、少し育ったヤングを迎えたほうが安心です。

　湿度・温度は高めに保ち、高頻度で餌を与えます。ベビーは特に乾燥・低温に弱く、適さない環境は拒食や脱皮不全に繋がりやすいため注意してください。餌が大きすぎたり温度が低かったりすると、消化不良や吐き戻しの原因となります。そこで焦って再給餌すると吐き戻し癖がつくことがあります。このステージは体力もあまりないため、吐き戻しをしてしまったら、落ち着いて問題点を改善し、1～3日程度空けてから給餌を再開しましょう。また、活コオロギに齧られてトラブルとなることもあります。活き餌を使用する場合は小さめのコオロギを使う・頭を潰す・触角を取る・ピンセットで給餌するなどの工夫をしてください。

　ベビーから迎えた場合、その模様の変化に驚くことでしょう。最も外見が変化するステージです。成長記録をつけても楽しいです。また、この時期は体が縦に伸びていく傾向があり、尻尾がふっくらとしてくるのはヤングの後半くらいからの個体が多いです。

ベビー

ヤング（若い個体）

- ステージの目安：生後1〜3カ月程度、全長12〜15cm程度まで
- 温度：高温部で30〜32℃前後・低温部で26〜28℃前後
- 湿度：60〜80%程度
- 餌の大きさ：M〜MLサイズ程度のコオロギ
- 給餌頻度：1〜2日おき、食べるだけ与える

　ヤングはベビーに比べると体がっしりとして体力も備わってきます。初めての人でも安心して迎えられるステージです。餌の量はベビーに比べると増えるものの、ヤングからはゆるやかに給餌頻度が落ちていきます。これは成長によるものなので、無理に給餌する必要はありません。ベビー同様に成長期にあたり、湿度や温度は高めをキープします。まだまだ模様の変化を楽しめる時期。また、個体によっては肉眼で性別が見分けられるようになります。

　ヤングになると活コオロギなどを容易に捕らえる個体も多いです。気持ち小さめのコオロギからスタートして、観察してみるのも良いでしょう。なお、食べ残しの活き餌は拒食の原因や飼育個体を齧る場合があるため取り出してください。

サブアダルト（亜成体）

- ステージの目安：生後3〜8カ月程度、全長15〜18cm程度まで
- 温度：高温部で30℃前後・低温部で25℃前後
- 湿度：50〜60%前後（一部に70〜80%程度の場所を設ける）
- 餌の大きさ：ML〜Lサイズ程度のコオロギ
- 給餌頻度：2〜3日おき、食べるだけ与える

ヤング

ここまで成長してくるとベビーやヤングに比べて非常に安定し、尻尾に栄養を蓄えてふっくらとした個体も多くなってきます。給餌間隔を空けても良く、多少の餌を与えない時期があっても尾に栄養を蓄えているので、ベビーに比べると大きな問題は起こりません。極端でないのならば、昼夜で温度差や湿度に差をつけても良いです。ただし、蒸れには注意してください。ベビーやヤングのように高湿度を常に保つ必要はありませんが、ウエットシェルターなどを設けて、1カ所に湿度の高い場所を作りましょう。また、サブアダルトになると、肉眼でも容易に性別が判定できます。模様や色の変化はゆるやかになり、タンジェリンなど派手な発色の品種では最も美しい時期を迎えます。

アダルト（成体）

- ステージの目安：生後8カ月～、全長18cm～
- 温度：高温部で30℃前後・低温部で25℃前後
- 湿度：50～60％前後（一部に70～80％程度の場所を設ける）
- 餌の大きさ：ML～Lサイズ程度のコオロギ
- 給餌頻度：3～4日おきに数匹、体型によっては週1回に食べるだけ与えても良い

アダルトになると体型はがっしりとし、1回の給餌量は多くなるものの、頻度は減ります。成長期に比べると太りすぎに注意する時期で、餌の量や頻度に注意して健康な体型の維持に努めましょう（飼育編P.28～29「どこを見て、何に注意して選べば良い？」参照）。健康な個体であれば1カ月程度なら水だけで過ごすことも可能で、クーリングや繁殖を視野に入れることができます。

サブアダルト

アダルト

成長すると
見ためが変わる？

Question

Answer

ヒョウモントカゲモドキの幼体は、どの品種でも概ね何らかの地色に暗色の模様が入ります。この暗色部は成長と共に色が抜けていき、ノーマルであればラベンダー色となりスポットが浮き出てきます。ボールドであればスポットはほぼ浮き出てこず、太い縁取りが残ります。ハイポタンジェリンであればほぼ消失します。このような成長に伴う模様の変化もヒョウモントカゲモドキを育てる醍醐味です。

ヒョウモントカゲモドキは成体となり模様が落ち着くと、その後は加齢によって色が変化していきます。鮮やかなハイポタンジェリンなども色褪せる場合が多いです。若い頃の写真を撮っておき、見比べてみてもおもしろいでしょう。

ノーマルの成長に伴う変化

ハイポタンジェリンの成長に伴う変化

オスとメスで飼育や健康に違いはある？

Question

飼育編
繁殖編
健康管理編
品種編
品種紹介
他のトカゲモドキの仲間

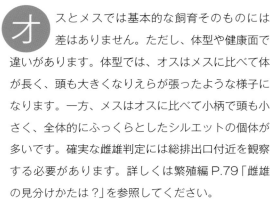

Answer

オスとメスでは基本的な飼育そのものには差はありません。ただし、体型や健康面で違いがあります。体型では、オスはメスに比べて体が長く、頭も大きくなりえらが張ったような様子になります。一方、メスはオスに比べて小柄で頭も小さく、全体的にふっくらとしたシルエットの個体が多いです。確実な雌雄判定には総排出口付近を観察する必要があります。詳しくは繁殖編 P.79「雌雄の見分けかたは？」を参照してください。

繁殖させる場合、メスは産卵に体力を使うので、アダルトであっても高頻度で給餌を行います。一方、オスはそこまでの体力を消費しないため、産卵中のメスと同様の給餌を行うと太りすぎる傾向

があります。

その他、多頭飼育は推奨しませんが、オス同士の多頭飼育は激しい争いとなり絶対に NG なのに対し、メスの場合は大きな争いに発展するケースは多くありません。

健康面では、オスはヘミペニスを有しているのでヘミペニス脱や栓子詰まり（ヘミペニスが収容されているクロアカルサックに栓子が詰まる症状）といった病気になる場合があります。一方、メスは卵詰まりや卵胞うっ滞といった病気になる場合があります。詳しくは健康管理編 P.103「クロアカルサックが膨れている場合は？」を参照してください。

オス（左）とメス（右）の体型比較

CBとWCの違いはあるの?

Question

Answer

ヒョウモントカゲモドキのWCの流通はほぼありませんが、CBとWCは全くの別物と思って良いでしょう。特にヒョウモントカゲモドキの流通個体はほぼ全てがCBのため、同じ感覚でWCを飼育すると失敗するほか、他の飼育個体にクリプトなどの病気を持ち込む場合があります。特別なこだわりがないかぎり、現状でヒョウモントカゲモドキのWCを飼育するメリットはあまりありません。

このようなWCとCBの差は爬虫類全般に言えます。近年でわかりやすい例を挙げると、ニシアフリカトカゲモドキがこれに該当します。ニシアフリカトカゲモドキのWCはCBに比べて安価で流通しますが、輸入直後の個体は皮膚がかさかさで粉を吹いたような様子をしており、尾も再生尾となっているものが少なくありません。専門店で十分にケアされた個体ならばずいぶんと飼育はしやすくなりますが、価格だけでWCを購入するのは得策とは言えないでしょう。CBには輸入直後のWCでは得難い安定感があります。

WCは前提として、採取から出荷までのキープ・輸送などによるストレスで、脱水・脱皮不全・傷などが多いほか、栄養状態の悪い個体も多いでしょう。また、神経質な個体も少なくありません。場合によっては寄生虫の駆虫も必要となります。もし飼育するのであれば、できるだけ健康状態の良い個体を選び、まずは様子を見ながら太らせます。他の飼育個体への病気感染などのリスクを考慮すると、既存の飼育個体とは離した場所で専用の飼育器具を用いて管理したほうが無難です。

なお、ワイルドタイプ・ワイルドライン・ワイルド血統・原種などの名で流通するヒョウモントカゲモドキは、ほぼ全てCBです。これらはヒョウモントカゲモドキ本来の姿を残したものを指し、派手な色や変異を目的として品種改良されたものと区別する意味合いでこう呼ばれ、WCではありません。

輸入されて間もないWCのニシアフリカトカゲモドキ。再生尾の個体

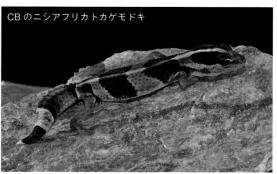

CBのニシアフリカトカゲモドキ

品種による差はあるの？

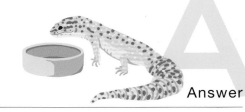

Answer

品種によって飼育の際に差が見られる場合があります。特によく見られる特徴として下記を紹介します。これらの品種において症状が見られる場合、それがなくなることはほぼありません。

●スーパーマックスノー・エクリプスなど眼に影響する品種：弱視。勢いよく餌に飛びかかるも、的を外すことがあります。誤食を防ぐため、ケージ内に不要なものを入れず、可能であればピンセットで給餌すると良いでしょう。

スーパーマックスノー

エクリプス

●アルビノ系の品種：光に敏感で明るい場所では目を閉じがち。特にスーパーマックスノーやエクリプスといった眼に影響する品種と組み合わせると顕著になります。個体に合わせてピンセットで給餌すると良いでしょう。

アルビノスーパーマックスノー

●ホワイト＆イエロー・エニグマ：先天性のシンドローム（症候群）があります。くるくると回ったり、ひっくり返ったりすることもあり、個体によって症状に差が

あります。個体に合わせてピンセットで給餌しましょう。産卵やクーリングのストレスなどによって、突然症状が出る場合もあります。これらの品種を含む個体の場合、ある程度育ったものを迎えたほうが良いでしょう。

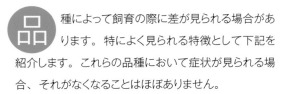
エニグマ

●ノワールデジールブラックアイ（NDBE）：成長するにつれて眼球が収縮し、目を開けなくなります。ピンセットで給餌しましょう。

ノワールデジールブラックアイ

●レモンフロスト・スーパーレモンフロスト：悪性の腫瘍を発症します。軽微なものから重度なものまでさまざまで、腫瘍が破裂する場合もあります。また、スーパーレモンフロストでは瞼や眼球・顎などに奇形のある個体も見られ、短命で終わる個体も多いです。

レモンフロストの腫（症状の軽いもの）

写真・撮影個体●
小田原レプタイルズ

どこを見て、何に注意して選べば良い？

Question

Answer

ヒョウモントカゲモドキを迎える際、まずは外見で下記をチェックしましょう。長い付き合いになる生き物です。よく見て、よく質問するようにしましょう。また、購入後の質問に応じてもらえるかも大切なポイントとなります。

1 尾や体が痩せていないか

尾がふっくらしている個体を選びます。ベビーからヤングでは若干細めの個体も見られますが、この時期は体を太くするよりも全長が増す時期のため、そのように見えるものが多いです。ただし、ベビーからヤングでも尾の付け根から末端にかけて膨らみがないような個体は避けたほうが良いでしょう。どの成長ステージでも、体がふっくらしているのに尾が異常に細い個体は何らかの健康不良が疑われます。

尾で見た体型比較

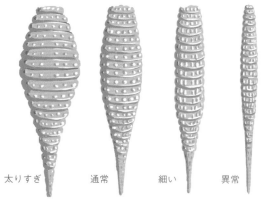

太りすぎ　　　通常　　　　細い　　　　異常

2 下痢や吐き戻しはしていないか

重要なポイントです。健康な糞は固形ですが、液状の下痢をしている場合は注意してください。容器の中が液状の糞で汚れている場合も要注意。吐き戻しの場合は、たとえばコオロギであれば虫の姿そのままで丸めたようなものが落ちています。こちらも注意しましょう。クリプトスポリジウム症（健康管理編 P.102「クリプトって何？」）のように感染していても症状が現れない病気もあります。購入希望個体以外にもヒョウモントカゲモドキが並んでいる場合、他の個体の状態や衛生環境も確認しておきましょう。

健康な糞の写真

3 脱皮不全など皮膚に異常はないか

脱皮不全の場合は尾先や瞼・指先に脱皮殻が残りやすいです。長期に渡る脱皮不全は炎症や壊死に繋がります。また、脱皮不全が見られる場合は適切な環境で飼育されていないことも考えられ、すでに拒

食している可能性もあります。その他、皮膚の炎症や外傷もチェックします。

脱皮不全の指先

4 歩きかたや四肢に異常はないか

先天的な奇形や代謝性骨疾患（人間でいうクル病）などで四肢が曲がっている場合があります。軽微なものから、関節の先がおかしな方向に曲がっているものまでさまざまです。容器の外側からだけでなく、可能であれば容器から出してもらい、机などの平坦な場所を歩かせて異常の有無を確認しましょう。なお、エニグマやホワイト＆イエローといったシンドロームのある品種では、症状の重さを確認することもできます。シンドロームのある品種以外でも、稀に歩行に異常がある個体がいます。四肢が曲がっていなくとも、歩きかたを確認しておいて損はないでしょう。

5 目は見開くか

ヒョウモントカゲモドキは夜行性のため、明るい場所では目を閉じがちです。また、アルビノ系（特にスーパースノー・エクリプスなどの眼に影響する品種を含むコンボ品種）では、明るい場所だとほぼ目を開けない個体もいます。これらを踏まえたうえで、陰を作るなど暗くして目を開けるか、眼が濁っていないかなどを確認しましょう。

目を瞑りがちな品種もいます

6 大きさと年齢は合っているか

生後1年以上経っているのにベビーサイズのままというように、あきらかな成長不良がないかを確認します。こういった成長不良の個体の中には、体型だけで見ると問題がないものもいます。大きさの理由などをよく確認しましょう。なお、ブリーダーによってはサブアダルトくらいでかるいクーリングをする場合もありますが、基本的に健康には問題ありません。

歩きかたを確認しても良いでしょう

ヒョウモントカゲモドキとは

飼育編

繁殖編

健康管理編

品種編

品種紹介

ヒョウモントカゲモドキの仲間

購入時に何を聞いておくの？

Question

Answer

飼 育環境面についての疑問は外見ではわかりません。必ず下記の2点を質問するようにしましょう。ショップで購入する場合はゆっくりと質問ができますが、イベントなどでは時間があまりなく店員さんがばたついていて話を聞きそびれることも。焦らずに必要なことを質問し、必要であればメモも取りましょう。その場で聞けなかった場合は、後ほど電話などで確認します。なお、連絡先は購入時の書類に記載されています。

1 食べている餌と給餌頻度

ヒョウモントカゲモドキの餌は多岐に渡り、単にコオロギといっても冷凍や活き餌など状態・種類も多様です。ブリーダーやショップによっては単一の餌虫だけ使っていたり、人工飼料を使用していなかったりなど差もあります。ゆくゆくは自分の飼育スタイルに合わせた餌に切り替えることもできますが、もちろん餌付かないこともあります。まずはすでに食べている餌を把握し、それを準備したほうが無難です。

また、給餌頻度も購入先に確認し、まずはそれに倣い、その後に自分のスタイルや個体の生育ステージによって給餌頻度を調整しましょう。

2 温度や湿度

ヒョウモントカゲモドキはブリーダーやショップ・輸出国などによって管理温度や湿度がさまざまです。元いた環境から急激に温度などが変わると餌を食べないなどのトラブルが生じます。購入先の飼育環境はよく確認し、自宅で再現するようにしましょう。

諸外国で最も主流なのが、30℃前後の高温下での飼育です。さらにケーブルヒーターなどを使用している場合もあります。こういった環境で育った個体は、低温に晒されると途端に餌を食べなくなります。低温と言っても、26℃前後でほぼ食べないような場合もあります。秋冬や春先などの購入には注意が必要です。一方、日本ではブリーダーによっては室温28℃前後で追加の加温器具はなしといった環境で育成している人もいます。このような環境で育った個体は26℃前後でも頻度を減らせば餌を食べ、ゆっくりと成長します。

困った時には誰に相談する？

Question

Answer

これはケースバイケースです。購入してから数カ月以内の質問であれば、まずは購入先へ質問することをお勧めします。たとえば餌を食べないといった質問なら、元々の管理温度や与えていた餌の情報が必要です。個体レベルの癖である場合もあります。これらは販売者が把握しているので、まずは購入先へ連絡を取りましょう。購入先以外に聞いたところで、結局は「温度は？」「与えていた餌は？」といった詳細な情報が必要となり、二度手間であるばかりか、的を射た回答も難しいです。懇意にしているショップができれば、お互いの飼育方針もわかってくるので、良い回答を得やすくなるかもしれません。

購入後しばらく経ってからの体調不良などは獣医師に尋ねると良いでしょう。どうしても改善されない場合や、何らかの理由で購入先へ質問ができない場合は、第三者に質問をしてみても良いです。第三者といっても、SNSなどを通して専門家でもないような人の意見を聞くのは要らぬ混乱を招くことが少なくありません。長く継続しているブリーダーや専門店に聞くことを推奨します。質問や診察の際は自宅での飼育温度や餌の頻度をしっかり把握しておきます。飼育レイアウトの写真を準備し、温度や湿度は最高最低温度計や湿度計・サーモガンなどで調べておくこと。特にパネルヒーター真上の温度などはサーモガンで確認してください。

こういった際の書籍の立ち位置ですが、筆者としては基礎知識を学ぶものとして利用して頂きたく思います。書籍を元に十分な対応ができていれば、トラブルは限りなく少なくできます。やむをえず専門家に質問をする際も、何も知らない人と基礎知識がある人ではずいぶんと質問のレベルや吸収力に差が出ます。

サーモガン。ピンポイントで温度を測定できる器具。相談前に飼育気温などをメモしておき、自分の飼育環境を相手に伝える準備をしておきましょう

出生国で扱いに違いはあるの？

Question

Answer

飼育環境はブリーダーによってさまざまですが、ここでは大きく海外 CB と日本国内 CB の違いを紹介します。基本的にはショップなどでの飼育環境を真似すれば問題はないのですが、ここで挙げるような特徴を把握しておくと購入後の飼育環境作りの助けとなるでしょう。ただし、これらは絶対ではなく、例外も存在します。海外 CB の場合はブリーダーに直接質問することは難しいですが、日本 CB の場合は詳しく質問することができます。

1 海外 CB

●飼育温度：アメリカやヨーロッパ・アジア諸国などの諸外国のブリーダーでは、室温30℃前後の高温下で一気に育てるスタイルが主流。特にアメリカでは一般的です。この室温に加えて、ケーブルタイプのヒーターを使用している場合も。このため、日本に来てからもショップでは高温で管理されていることが多く、迎えてから低温に晒すと餌を食べない場合があります。なお、ヨーロッパでは後述するような日本に近い環境で管理しているブリーダーも少なくありません。

●餌：海外 CB の場合、餌はミルワームをメインに置き餌し、サブとしてイエコオロギを与えたりと、日本ではあまり見られないスタイルだったりします。大規模なファームが多いためか、1匹1匹に人工飼料を与えたり、冷凍コオロギをピンセットから

与えたりするブリーダーは多くありません。日本国内のショップで冷凍コオロギや人工飼料を食べている個体の多くは、輸入されてから慣らされた個体でしょう。いつも与えていた餌を食べなくなった場合、輸出元で与えられていた餌を想定してミルワームやイエコオロギを試してみるのも有効です。

2 日本国内 CB

●飼育温度：日本でも先述した諸外国のブリーダーのような高温飼育ブリーダーも見られますが、室温26～28℃前後でプレートタイプやケーブルタイプのヒーターを使っているブリーダーが多い印象です。中には室温のみで追加のヒーターを使用しないブリーダーもいます。このような環境は、同じく日本で飼育する場合に再現しやすく、迎えてから拒食などのトラブルが起きにくいです。

●餌：飼育規模や住環境の都合で冷凍コオロギや人工飼料を使用しているブリーダーが多いです。また、小規模ブリーダーではさまざまな餌をローテーションしている場合もあります。もちろん、活きた餌虫だけのブリーダーもいるため質問する必要はありますが、いずれにせよ日本で入手しやすい餌が使われています。

ヒョウモントカゲモドキとは

飼育編

繁殖編

健康管理編

品種編

品種紹介

他のヒョウモントカゲモドキの仲間

どうやって連れて帰ればいい？

Question

Answer

ヒョウモントカゲモドキを購入した場合、購入先で適切な容器に入れてくれますが、季節によって連れて帰る方法や注意点が異なります。なお、連れて帰る際の温度は20〜30℃程度の範囲を目安とし、寄り道せずにすみやかに帰宅するよう心がけます。

1 夏などの気温が高い季節

絶対に注意しなければならないのは高温による死亡事故です。エアコンを切った車内に置きっ放し、直射日光の当たる場所に放置（真夏の窓際なども注意）、熱くなった地面に直置きなどの行為はやめましょう。少し目を離した隙に死亡する場合があり、死なずとも内臓などにダメージを負うことがあります。持ち運びはエアコンの効いた環境下や涼しい時間帯に行うと良いでしょう。

2 冬などの気温が低い季節

気温が低い季節では、保冷バッグや発泡スチロール

に使い捨てカイロなどを入れて持ち運ぶ方法が一般的。短時間の移動であれば、紙袋に使い捨てカイロなどを使うことでしのげますが、移動時間が長い場合は保冷バッグや発泡スチロールを準備しましょう。ショップやブリーダーによっては紙袋と使い捨てカイロ以外を準備してくれない可能性もあるため、できるだけ自身で準備しておきます。なお、保冷バッグや発泡スチロールの中で生体の入った容器が滑るとストレスになるため、新聞紙などの緩衝材を準備しておくとより良いです。

使い捨てカイロを使う際の注意点ですが、生体が入った容器の真下に敷くと低温火傷の原因となる場合があり、最悪のケースだと高温で死亡します。必ず容器の外側側面、もしくは保冷バッグや発泡スチロールの内側側面に貼り付けましょう。また、空気穴を開けていない発泡スチロールのように密閉した環境下では、使い捨てカイロが酸欠を引き起こす場合があります。発泡スチロールでは空気穴を、保冷バッグではチャックを少し開けるなどの対策を取り、使い捨てカイロは必要な数だけ使用しましょう。

持ち帰り例

パッキングはどうやるの？

Question

Answer

購入時、ヒョウモントカゲモドキは丸いカップなどに入れてくれる場合が多いです。ショップやブリーダーから購入する場合は最適な仕様のパッキングをしてくれますが、病院へ連れて行くといった何らかの理由があって自身でパッキングする場合は以下の点に気をつけます。

1 材質

容器の材質は樹脂製の製品を使います。紙製では糞尿でふやけて脱走の原因になることも。

2 穴空け

容器を密閉すると酸欠の危険があるため、小さな空気穴を空けておきます。糞尿のアンモニアによる中毒を防ぐ目的もあります。

パッキング例。小さな穴を空けた樹脂容器に床材を敷きます

3 小さめの容器を使用

容器は気持ち小さいくらいのものを使用し、大きすぎる容器は控えます。ヒョウモントカゲモドキは体に壁などが接していると落ち着く傾向があるからです。また、あまり大きいと滑ったり、壁面に衝突したりして事故に繋がる場合があります。大きな容器しかない場合は、緩衝材として丸めたキッチンペーパーを入れるなどの対策を取ります。

4 床材

底面にはキッチンペーパーやヤシガラ・アスペンチップなどを敷きます。これも滑ってストレスや事故になることを防ぐためです。

5 その他注意点

短期間の場合、蒸れ防止のため霧吹きなども必要ありません。あまり長期間のパッキング状態は推奨できず、長くとも4日程度までが良いです。なお、パッキングする日付が予め決まっているのであれば、糞尿による汚れや吐き戻しなどを防止するため2〜3日前から餌を抜いておきます。「かわいそうだから」「餌をほしがっていたから」などの理由で餌を抜くことを怠ると、大きなトラブルに繋がることも。ヒョウモントカゲモドキの生態を考慮し、トラブルを発生させないように準備しましょう。

自宅の環境に慣れるの？

Question

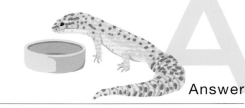

Answer

　迎えたのが日本国内 CB の場合は、購入先での温度や餌を再現しやすいため比較的楽に自宅の環境に慣らすことができるでしょう。急激な環境変化は、個体に負荷をかけたり、拒食などのトラブルの原因となったりするため禁物です。

　海外 CB の場合、高温下で管理されたものが多く、ショップでもそれに準じた環境で管理されている場合がほとんどです。室温26℃などの環境で飼育す

ると調子を崩す場合も。当面は30℃前後を保つようにして、数カ月以上をかけてゆっくりと自宅の環境に慣らせましょう。

　なお、晩秋から冬、春といった低温の時期に加温飼育する場合、温度ばかりに気を取られて湿度が下がり、拒食となる場合が散見されます。ウエットシェルターや加湿器などを用いて、湿度にも気を払いましょう。

20年以上長期飼育されている個体。長期飼育されている個体の多くは日本の環境に慣れさせられ、季節感のある飼育がなされています

ヒョウモントカゲモドキとは

飼育編

繁殖編

病理管理編

品種編

品種紹介

他のトカゲモドキの仲間

季節によって温度や湿度はどうやって維持するの？

Question

飼育の際、基本的には成長ステージに合わせた温度・湿度などの環境（飼育編 P.21〜23「ベビーからアダルトで違いはある？」）を参照ください。

　以下では、季節ごとの維持の方法と注意点について紹介します。なお、温度を把握するには最高最低温度計が便利。故障に備えて、計器を複数設置しても良いです。

1 冬

　たくさんの個体を管理する場合は部屋全体をエアコンで加温する方法が一般的ですが、少数匹の場合は簡易的な園芸用ビニール温室や小型ガラス温室などを利用する方法があります。温室内の空気を暖める場合、専用の温室用ヒーターも市販されていま

Answer

す。ペット用として入手しやすいものを使用するのであれば、サーモスタットにヒヨコ電球やセラミックヒーターなどの光を発しない保温器具、もしくは昼夜兼用の保温球などを接続して設置します。この際、発熱機器は温室の最下段に設置し、火災防止のために周囲には接触するものがないように十分注意します。小型のファンを回せば、温室内の温度のむらをより解消できます。

　1匹のみの場合は、ケージの一部を温室の場合と同様のペット用保温器具で温めると良いです。この際、熱による変形などを防ぐため、ケージは大きめのガラスケージに変え、飼育環境内に温度勾配を設けるようにします。火傷防止のため、保温器具は飼育個体が触れられない場所に設置しましょう。

　温度ばかりに気を取られると、湿度が下がり乾燥気味になることもしばしば。特に日本の冬は乾燥しやすいため、そこへ加温を施すとヒョウモントカゲモドキには適さない湿度になります。こういった過度な乾燥は拒食や脱皮不全などの原因となるので、ケージ内には必ずウエットシェルターを設置し、定期的な霧吹きを行いましょう。温室内の湿度を上げる場合は、濡れた布を設置する方法や、水を入れた大きめの容器にファンなどで風を当てる方法などがあります。部屋全体の湿度をコントロールする場合は、加湿器の利用が手っ取り早いです。マニアの中には大型の水槽で生き物を飼育することでダイナミックな加湿をするケースもあります。自分に合った方法を模索しましょう。

ドラゴン・カナヘビとは

飼育編

繁殖編

障害時理解

品種編

品種紹介

他のトカゲモドキやその仲間

② 夏

　30℃前後は問題ありませんが、筆者の経験では34℃ほどになると餌食いの悪い個体が散見されます。部屋を冷やす場合はエアコン管理が便利です。飼育場所がリビングなどの場合、人のいない時間はエアコンを28〜30℃の冷房にし、強弱を自動設定で稼働させておけば良いでしょう。人がいる時間ではあまり冷やしすぎないように注意します。また、冷房の場合も湿度には気を配りましょう。どうしてもエアコンが使えない場合は、窓を開け、サーキュレーターなどで風を動かすようにします。換気扇を動かしても良いでしょう。また、部屋の低い部分は高い部分に比べ温度が低いため、ケージをできるだけ低い位置に置きます。しかし、こうした対策を取っても高温になるようであれば、エアコンなどの利用を検討してください。

③ 春・秋

　昼夜の寒暖差に注意します。状況によってエアコンやヒーターなどを使い分けてください。秋から冬にかけては朝晩の冷え込みや温度変化によって、餌食いが落ちる場合があります。そのままクーリングさせることもできますが、飼育スタイルや必要性に応じて決定します（P.77〜「繁殖編」参照）。

メタルラックにビニール製カバーをかけた温室の例。前開きのため、世話がしやすくなっています

迎えた直後はどうするの？

Question

Answer

迎えたら用意したケージに移し、2〜3日は餌を与えないようにします。ベビーの場合も最低1日は餌を抜きましょう。たまたまお腹が空いているタイミングであれば、反射的に餌を食べることもありますが、環境の変化などによって消化不良や吐き戻しに繋がることも。そういった場合、その後しばらく餌を食べないことも珍しくありません。また、過度な触れ合いも控えます。これは自宅の環境に慣らすためであり、環境の変化や輸送ストレスによる吐き戻しを防ぐ目的もあります。ケージに移してからしばらくは行動をよく観察し、温度や湿度などに注意してください。異常が見られた場合は飼育環境を改善しましょう。すでに飼育個体がいる場合、感染症などの病気を持ち込まないため、新しい飼育個体とはピンセットや水皿などの飼育器具を分け、しばらく様子を見ることを推奨します。

飼育に必要なものと
スペースは？

Question

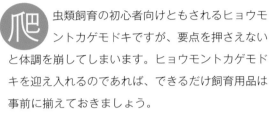虫類飼育の初心者向けともされるヒョウモ
ントカゲモドキですが、要点を押さえない
と体調を崩してしまいます。ヒョウモントカゲモド
キを迎え入れるのであれば、できるだけ飼育用品は
事前に揃えておきましょう。

　ここで述べる用品は最低限のものです。自身の
飼育スタイルに合わせて追加していくのも良いで
しょう。

　なお、ヒョウモントカゲモドキは比較的省スペー
スで飼育できます。後述する飼育ケースを置ける場
所があるかをまずは確認してください。

▶ 最低限必要な飼育用品

- 飼育ケース
- ヒーター
- 温度計
- シェルター
- 床材
- 水入れ
- サプリメントを入れた小皿
- ピンセット
- 霧吹き

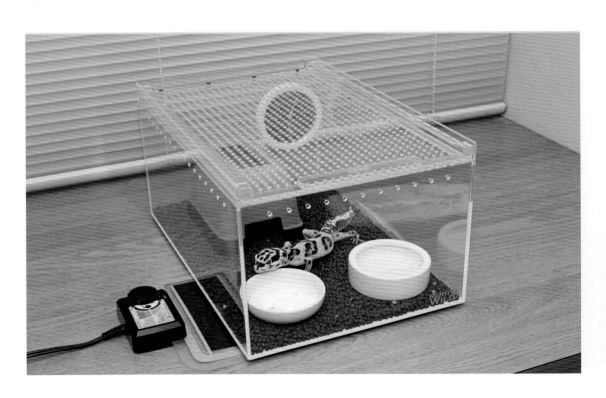

飼育ケース

　飼育ケースは通気性が良く、底面が最低でも飼育個体の全長の1.5～2倍程度×全長の1～1.5倍程度は必要ですが、それより多少狭くても飼育はできます。アダルトであれば最低でも幅30×奥行き20cm程度が必要ですが、これより大きなものでレイアウト飼育をしても良いです。高さは蓋がしっかりとできるものであれば、アダルトで最低15cm程度でも飼育できます。ただし、蓋がしっかりとできないようなケースの場合、脱走防止の観点から飼育個体の全長の2倍程度の高さのものが良いです。シェルターなどに登って器用に脱走することもあるので、高さに余裕を持たせるか、蓋をしっかりできるものを選ぶかの対策を取りましょう。

　飼育ケースを自作することも可能ですが、初めての飼育の場合は、通気性の確保や脱走防止・メンテナンスの簡便さなどの点から市販品の専用ケージが

お勧め。省スペースで簡単に飼えるとされるヒョウモンカゲモドキですが、大きめのケージで飼うと意外にも活発に動く姿を観察できます。また、イベントやショップでは小さなカップに入れられている場合もありますが、一時の保管用で長期間飼うための容器ではありません。

ヒーター・温湿度計

　プレートタイプが使用しやすいです。たくさんの個体を飼う場合、ケーブルタイプの製品も便利です。ヒーターは床面積の1/3程度に敷きます。シェルター直下に敷くと低温火傷の原因となることもあるため、シェルターとは離して置きます。加えて、水入れの下に敷くと蒸れの原因となるため、これも避けます。必ずケースの中に温度勾配を設け、気温は低温部で25～28℃ほど、高温部で30～32℃ほどを目安にし、飼育ステージによって調整しましょ

ケースはさまざまな製品が流通しています。
しっかりと蓋ができる製品を選びます

プレートヒーター。この上にケースの床
面積の1/3ほどを乗せて使用します

う。全面を高温にすると、低温火傷や熱中症の原因
となるので要注意。逆に冷たすぎると、餌を食べな
かったり消化できなかったりトラブルが生じます。
ヒョウモントカゲモドキを含む爬虫類は、汗をかく
ことなどで体温調整ができないため、場所を移動し
て体温を調整します。つまり、体温の調整は彼ら任
せになるため、飼育環境にはある程度の広さと温度
勾配を設け、彼らに好きな環境を選んでもらいま
しょう。

　温湿度計は、日頃の管理では設置型のものを使
用します。正確なデータを見るため、ヒーターな
どからは離して設置します。より詳細な温度や湿
度を知りたい場合は、最高最低温湿度計も便利で
す。Wi-FiやBluetoothを経由して、スマートフォ
ンでリアルタイムに温湿度を確認できるものも比
較的安価で手に入ります。底面の部分的な温度が
知りたい場合は赤外線温度計（サーモガン）が便利
です。

シェルターと床材

　床材の選択肢としては、紙系（ペットシーツやキッ
チンペーパー）や土系（ソイルや赤玉土）などがあり
ます。土の良い点は、誤飲しても排出されやすいこ
とや直接水をかけて湿度保持ができる点などが挙げ
られます。特に赤玉土では湿気具合を色調で見て取
れます（水気を含むと濃くなり、乾燥すると淡い色）。
紙系は清潔感があり、交換や廃棄も楽です。しかし、
乾燥しやすい、誤飲や爪をひっかけて指が欠ける可
能性があるなどのデメリットもあります。その他、
細かな砂状かつ比重の重いものは、誤飲した際に排
出されにくい場合があります。湿度保持の観点から
もあまり推奨はできません。

　床材は特に誤飲が生じやすいものです。餌捕りの
下手な個体に、活き餌をそのまま与えれば的を外し
て床材を食べることもあるでしょう。紙系の床材に
餌のにおいが付いたままになっていれば、反応して

爬虫類用温湿度計

上部に水を溜めることので
きる、素焼きのウエット
シェルター

ヒョウモントカゲモドキとは
飼育編
繁殖編
健康管理編
品種編
品種紹介
他のトカゲモドキの仲間

食べようとすることも。赤玉土などの粒状の土の場合、多少誤飲しても健康な個体かつ飼育ケース内も適度に運動できるような環境であれば、問題なく排出されます。日頃から清潔な床材を保ち、糞や腹部の状態を観察しつつ、個体に合わせた世話をするよう心がけましょう。

　シェルターは個体を落ち着かせるための隠れ家で、アルビノ系などの光に敏感な品種では特に重要です。あまり大きなものは必要なく、高さは飼育個体が歩行する際の高さの1.5～2倍程度、面積は飼育個体が丸まった際の1.5～3倍程度のものが良いです。また、床材との兼ね合いを見て、使用するものを選ぶと良いでしょう。紙系の床材は乾燥しやすいため、ウエットシェルターを使用するなど、必ず湿度に気を配ります。土系を使用する場合は、土を

湿らせればドライシェルターでも問題ありません。全体的な飼育環境を見て、一部に高湿度の場所を作れるように、シェルターと床材を選びましょう。

水入れや小皿・ピンセット・サプリメント・霧吹き

　水入れには必ず新鮮な水を常設します。ただし、水入れを設置したからといって、個体が水を飲んでいるかの確認を怠ってはいけません。水を飲んでいるか不明な場合は、1日1回程度、壁面に霧吹きをして水を舐め取らせておくと良いでしょう。ヒョウモントカゲモドキは比較的水切れに強い生き物ですが、どんな生き物でも水は必須。水入れから水を飲んでいるのが確認できれば、霧吹きの頻度を減らし

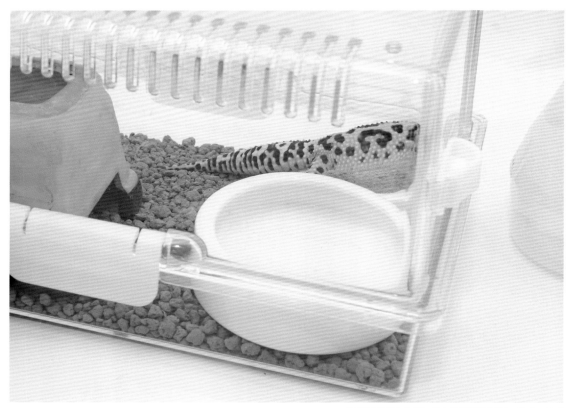

床材に赤玉土を用いると湿度管理が行いやすいです

ても良いでしょう。

　霧吹きはたくさんの個体を飼育しているのであれば蓄圧式が便利です。ノズルが長いものもあり、広いケージの場合は重宝します。

　小皿にはサプリメントを入れておきます。サプリメントは必要に応じて個体が舐め取ります。

　ピンセットは給餌や掃除に便利で、給餌や清掃など、用途によって数本準備しておくと清潔に飼育できます。竹製のものと金属製のものが市販されていますが、竹製のものは飛びかかってきた個体を傷つ

けにくいので、給餌などにお勧め。金属製のものは熱湯や消毒薬などで丸洗いしたり消毒をしやすいので、清掃用に便利です。なお、筆者は給餌用にも洗浄などの観点から先端が丸い金属製のピンセットを使用しています。金属製のものは活コオロギの頭を潰す際に力を加えやすく重宝しています。また、清掃用には金属製のトングを使用しています。このように、自分の飼育スタイルに合ったものを選ぶと良いでしょう。

水入れ

霧吹き

サプリメントの入った小皿

先の丸い金属製ピンセット

ケージは広ければ広いほど良いの？
狭いケージではだめ？

Question

Answer

ケースバイケースです。広いケージだと個体がゆうゆうと闊歩し、広々していて一見好環境に見えますが、「あまりに広いと個体がどこにいるかわからない」「放ち餌だと餌を食べているかわからない」「清掃が行き届かない」「保温や保湿が難しい」など普段の世話に支障をきたす場合があります。広いケージを使う場合は、個体の活動を理解してレイアウトを組み、注意深く観察するようにします。

一方、狭いケージが悪いのかと言われると、そうではありません。狭いと言っても最低限の広さ（飼育編 P.39 ～ 43「飼育に必要なものとスペースは？」参照）を確保できていれば、「清掃や保温が簡便」「餌を与えやすい」「個体の様子を確認しやすい」などのメリットがあります。これらは飼育者のスタイルによる部分も大きいため、広いケージ狭いケージのメリットを把握して飼育環境を決めると良いでしょう。

広めの飼育ケースでの飼育例。撮影のため、温度計や餌皿・水入れなどは外してあります

ケージはどこに置けば良いの？

Question

Answer

ケージはできるだけ温度の安定した場所に置きましょう。窓辺のような日光が当たる場所は暑くなりやすく、冬に極端に冷えるような場所も NG。エアコンなどの真下も温度が激しく変わるほか、風が当たり続けることで脱水などにも繋がるため設置場所としては適していません。一般的に、部屋の高い位置は温度が高く、低い位置では温度が低くなります。季節などによって置き場所を調整しても良いでしょう。

なお、飼育は必ず室内で行います。屋外は温度変化が激しく、雨による溺死や害獣による被害などの思わぬトラブルが生じる場合もあるため推奨しません。

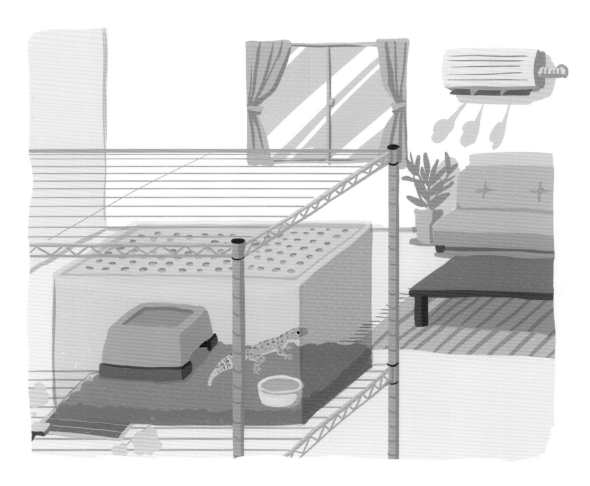

どうすれば環境に早く慣れる？

Question

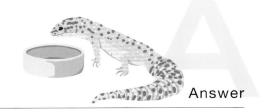

Answer

　ヒョウモントカゲモドキなどの爬虫類をできるだけ慣れさせたい場合は、ケージを床などの低い場所に置くことをやめましょう。彼らは上から見下ろされるような場所や足音など振動の多い場所では落ち着きません。目線くらいの高さに置けば観察もしやすく、多くの表情を見せてくれます。さらに、ピンセットで給餌することで餌がどのように得られるかを学習させることができれば、飼育者が前を通りがかるだけで出てくることもあります。

　ただし、アルビノ系の品種などは光に敏感なため、個体によってはケージの設置場所を調整しても日中はシェルター内に引きこもりがちなこともあります。

　なお、飼育開始からしばらくは個体が神経質になるため、ケージの置場を調整しても慣れません。そっと観察しておき、自ら顔を出してくる日を待ちましょう。

ヒョウモントカゲモドキとは

飼育編

繁殖編

専用器材編

品種編

他種紹介

他のトカゲモドキの仲間

ケージは市販品と自作では
どちらが良いの？

Question

Answer

　これは飼育の目的や熟練度によって変わります。

　初心者は専用のケージが良いでしょう。脱走対策がしっかりされており、通気性やメンテナンス性にも優れています。さらに透明度の高いものが多く、観察に適しています。せっかく飼育するのであれば、彼らの表情や行動がよく見えるケージがお勧めです。近年では大きさや形状も多種多様な製品が流通しており、材質もガラスやプラスチックなど用途や予算によって選べます。好みに合った飼育ケースを用意しましょう。

　ヒョウモントカゲモドキについて、「100円均一の容器を使って飼育できますよ」といったことをよく耳にします。これはできるかできないかであれば、できるといった意味です。繁殖などを目的とした飼育者は、安価な飼育容器や専用ケージでは販売されていない規格の容器を求める場合が多く、その影響のためか一般の飼育者にも他用途の容器を紹介されることがあります。他用途の容器を流用する場合は、脱走対策や通気性などについて十分に留意し、必要に応じて改良します。

爬虫類用ケースの1例。さまざまな製品
が流通しています

シェルターは必須？

Question

Answer

野　生下でのヒョウモントカゲモドキは、日中は岩の下や穴の中に隠れ、夜に隠れ家から出てきて徘徊します。隠れ家の中は温度や湿度が安定し、ヒョウモントカゲモドキが過ごすのに快適な空間となっています。飼育下でこれに代わるものがシェルターです。彼らを落ち着かせるためにも、シェルターは設置しましょう。特に、飼育開始直後のように個体を落ち着かせる必要のある場合や、ア

ルビノ系の品種のように光に敏感な個体を飼育する場合には必ず設置します。よくショップなどでシェルターを設置していない場合がありますが、熟練した販売員による配慮の元で展示販売のために行われており、一時的な保管をしている状態です。飼育の観点では、大規模なブリーダーでもシェルターを設置している場合が多く、その重要性がわかります。

シェルター例

ヒョウモントカゲモドキとは

飼育編

繁殖編

健康管理編

品種編

小話編

世のヒョウモントカゲモドキの仲間

保温器具は何が良いの？

Question

Answer

保温器具は、さまざまな製品が市販されています。目的によって使い分けましょう（飼育編 P.36〜37「季節によって温度や湿度はどうやって維持するの？」参照）。空間を暖める場合は、エアコンや保温球・ヒヨコ電球・セラミックヒーターなどが一般的です。底面を温める場合は、飼育個体が多いようならケーブルヒーターが便利で、少数の場合は、プレートタイプのものが扱いやすいです。昨今、さまざまなプレートタイプのものが販売され

ていますが、温度が高すぎたり低すぎたりしないか注意しながら使用します。サーモガンを使用しても良いですが、糞の頻度やヒーターの上に乗っている頻度などを観察することでも、適しているか確認できます。温度が低いようであれば、ヒーターの上にいる頻度が高く、餌を食べる頻度や量が落ちます。高すぎるようであれば、ヒーターの上にほぼいなく、このような場合でも餌を食べる頻度や量が落ちる場合があります。

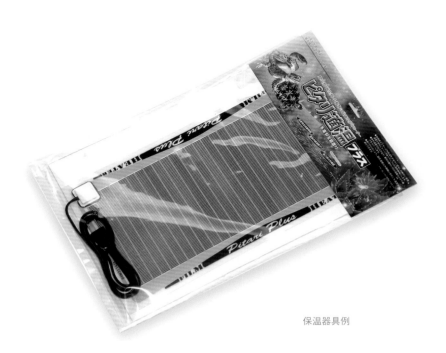

保温器具例

照明は必要？

Question

Answer

　ヒョウモントカゲモドキは夜行性であるため、一般には照明を使わず飼育している人がほとんどで、不要とする意見が多いです。筆者も照明のない状態でブリードをしています。そもそも光に敏感な品種ではストレスとなる可能性も捨てられません。しかしながら、照明のオンオフで昼夜を作り、本来の生態に沿った生活サイクルを生み出すことも可能です。

　紫外線ライトが必要かと言われれば、これも冒頭で触れたように必須ではありません。ただ、屋外では夜も微量ながら紫外線が降り注いでおり、それを受けてヒョウモントカゲモドキもビタミンD$_3$を合成することができます。後述する点に配慮すれば、紫外線ライトの使用がマイナスに繋がることはないため、照射しても良いでしょう。使用する際は、UVBの放出はごく弱い製品にし、シェルターや日陰となるものを設置することで彼らが紫外線ライトに当たるかを選択できるようにします。また、小さなケージでは高温による事故の可能性があるため、ある程度大きなガラス製のものを使い、紫外線ライトは強い熱を出さないものを選びます。

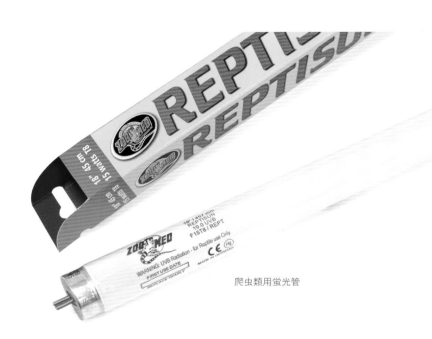

爬虫類用蛍光管

測定器具（温度計や湿度計）は必要？

Question

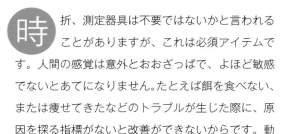

時折、測定器具は不要ではないかと言われることがありますが、これは必須アイテムです。人間の感覚は意外とおおざっぱで、よほど敏感でないとあてになりません。たとえば餌を食べない、または痩せてきたなどのトラブルが生じた際に、原因を探る指標がないと改善ができないからです。動

Answer

物病院やブリーダー・ショップに相談する際も、飼育環境の詳細がわからないと最適な回答をすることが難しくなります。日頃の彼らの健康維持のためにも測定器具は用意しましょう（飼育編 P.39〜43「飼育に必要なものとスペースは？」参照）。

サーモガンの使用例。餌皿（右）の上に見える赤く丸い箇所を測定しているところ

床材は何が良いの？
ペットシーツでもOK？

Question

Answer

筆者は小粒の赤玉土に微細なヤシガラを混ぜたものを利用しています。湿度管理や糞などの掃除の面で筆者の飼育スタイルや環境に合っているからです。飼育編 P.39〜43「飼育に必要なものとスペースは？」を参考に、自分の飼育スタイルに合ったものを選びましょう。

ペットシーツについては、指が引っかかることによる指飛びや、湿度管理などを考慮すると推奨でき

ません。ヘビのように糞をする際に多量の水分を排出するものには悪くないアイテムですが、ヒョウモントカゲモドキはそれほど多くの水分を排出しません。見ための清潔感やメンテナンス性で選ぶのであれば、コスト面を考えてもキッチンペーパーなどの紙系のほうが良いでしょう。また、ペットシーツに含まれる綿や給水ポリマーは誤飲の危険性もあるため、使用する場合でも切断は控えましょう。

赤玉土（小粒）に微細なヤシガラを
混ぜた床材

何を食べるの？
餌は生きてないとだめなの？

Question

Answer

野 生下のヒョウモントカゲモドキは主に昆虫などの節足動物を餌としています。このため、飼育下でも餌虫が多用されています。これらの餌虫は活のみならず冷凍や乾燥のものも販売されており、多くの個体が餌付きます。また、虫を主原料とした専用フードもさまざまなものが販売されており、入手は容易です。その他、ピンクマウスなどを利用する人もいます。

以下にそれぞれの与えかたや特徴を紹介します。

▶ 虫系

虫系を餌とする場合は、必ずカルシウムサプリのダスティング（Dusting：粉をまぶすこと）を行います。カルシウム不足は代謝性骨疾患（人間でいうクル病）などの骨の奇形の原因となるので欠かさないよう

にします。特にベビーからの成長期には必須。また、コオロギ類やミルワーム・ローチ類などのように雑食性の活き餌を与える場合は、ニンジンなどの生野菜やコオロギ用の専用飼料・爬虫類用人工飼料などを食べさせ、栄養や水分の補填を行うと良いでしょう。これをガットローディング（Gut：内臓、loading：充填すること）と呼びます。ガットローディングによって餌虫の栄養が大きく変わるため、活き餌を使うのであれば積極的に行いましょう。

　冷凍虫は必ず常温に解凍して与えます。冷たいまま与えると、消化器官にダメージを与えてしまうので注意してください。解凍方法は湯煎・プレートヒーターの上に置く・常温放置などの方法があります。長持ちすると思われがちな冷凍餌ですが、一般的な家庭環境での冷凍保管では、徐々に脂肪が酸化し、劣化し

ていきます。できれば1カ月以内に、長くとも3カ月以内を目途に使い切りましょう。乾燥虫も同様になるべく早く使い切るようにし、使用する際は水分が不足しているため、必ず水に浸してから与えます。違う餌に切り替えを行う際、コオロギを粉状にしたものをまぶすことで餌付けすることもできます。

コオロギ

　最も入手しやすい餌虫で栄養面も優れ、多くのヒョウモントカゲモドキの主食として利用されています。生きたフタホシコオロギやクロコオロギ・イエコオロギを神経質な個体に与える場合、後肢や触角を取ります。特にフタホシコオロギやクロコオロギの顎は強靭で、個体が噛まれることもあるため、予め頭を潰しておくと良いでしょう。ヒョウモントカゲモドキの飼育では、M～Lサイズが多用されます。

　餌としての歴史も古く、繁殖も容易です。しかし、育成にはある程度のテクニックや環境が必要です。

ダスティングしたコオロギ

フタホシコオロギ

餌皿にカルシウム剤を入れた例

イエコオロギ

デュビア

　デュビアは栄養面に優れ、食いつきも良く、ヒョウモントカゲモドキの主食としても利用ができます。あまり動かず、床材の下に潜ってヒョウモントカゲモドキが見つけられないことがあるので、ピンセットで与える、もしくはひっくり返して置くなど、飼育個体が餌として認識できるようにします。管理がしやすく、長寿でサイズにも幅があります。乾燥気味に管理ができ繁殖するため、自宅で繁殖させることも容易。ただし、繁殖や成長スピードはゆるやかです。

デュビア（成虫）

デュビア（幼虫）

レッドローチ

　レッドローチは食いつきが良く栄養面も優れており、ヒョウモントカゲモドキの主食としても利用ができます。ただし、ヒョウモントカゲモドキにはややすばやいうえに床材の下に潜ることがあるため、ピンセットで与えます。

　管理がしやすく、繁殖・成長スピードも優れているのですが、外見やにおいなどから苦手な人も少なくありません。逃がさないように注意しましょう。成虫は、メスは翅がなく、オスには翅があります。オスは飛翔というよりはジャンプして滑空します。卵鞘という卵が詰まった小豆のような鞘を産みます。回収することで効率良く増殖させることができます。

レッドローチ

ヒョウモントカゲモドキとは

飼育篇

繁殖篇

健康管理篇

品種篇

品種紹介

他のクケゲモドキの仲間

ミルワーム・ジャイアントミルワーム

　ミルワームは海外で最もポピュラーな餌です。しかしながら、脂肪が多く栄養に偏りがあるうえ、消化には他の虫に比べるとある程度の高温が必要です。1度に与える量に注意し、ガットローディングやサプリメントの活用・飼育温度を配慮しながら利用します。また、床材の下に潜ることがあるため、返し付きの餌皿に入れるかピンセットで与えます。ジャイアントミルワームは頭が硬く顎の力も強いため、頭を潰して与えると良いでしょう。成虫は固く、餌には向きません。ミルワームはふすまやパン粉を使って比較的簡単に繁殖させることができます。

ハニーワーム

　ハニーワームは嗜好性こそ良いのですが、栄養バランスが良いとは言えず、調子を崩した個体や消化しづらい環境では未消化で排出されることも少なくありません。拒食個体に試されることも多いですが、消化が良いとも言えないので、1度に与える量などに注意します。ハチノスツヅリガと呼ばれる蛾の幼虫で、ワックスモスとも呼ばれます。常温で飼育すると蛹を経て成虫となりますが、10℃前後の低温で管理すると、蛹になるのを遅らせることができます。ハチミツやふすまなどを混ぜた餌で幼虫の育成ができ、繁殖も可能です。

ハニーワーム

ミルワーム

シルクワーム

　シルクワームは他の餌に比べると栄養に乏しく、飼育するための餌も特殊です。おやつ程度に利用します。カイコガの幼虫で、壁面を登れません。クワの葉や専用飼料を食べます。

ジャイアントミルワーム

シルクワーム

ヒョウモントカゲモドキとは

飼育編

繁殖編

健康管理編

品種編

品種紹介

他のトカゲモドキの仲間

▶ 活コオロギの管理方法

活コオロギは毎回買いに行くことが難しい人がほとんどだと思います。うまくキープすれば、ある程度の期間ストックが可能です。以下の点に注意して管理してください。

清潔な状態を保つ

コオロギは餌をよく食べ糞も多く、ケージ内を汚しがちです。また、脱皮殻や死骸も出るため、これらは定期的に清掃して取り除きます。怠ると、アンモニアによる中毒で大量死したり、ダニが発生することもあります。

素焼きの皿。コオロギの餌場などに利用できます

シェルターを設置する

ケージの中にはたくさんのコオロギを入れることになるため、紙製の卵パックや紙製の鉢などを互い違いに重ねてシェルターとし、床面積を広げます。新聞紙を丸めて使用することもできますが、耐久性に乏しく汚れやすいため、こまめに交換しましょう。

温度と湿度に注意する

あまりに高温で多湿だと不衛生になりやすく、死亡率も上がります。蒸れや結露も良くないため、温度変化の激しい場所での保管は控えます。また、冬の低温では死んでしまいます。ヒョウモントカゲモドキに与える大きさのものであれば20～30℃程度でやや乾燥気味に管理が可能です。

コオロギのストック例

水入れを設置する

濡らした赤玉土やキッチンペーパーなどを使って給水させることができます。水場以外が濡れないように、浅めの滑らない素材の容器に入れて設置します。専用の給水器も販売されています。清潔な状態を保つようにしましょう。面倒な場合は昆虫ゼリーや昆虫用の給水ゲル・小動物用ゼリーで給水させることも可能。床面が濡れると不衛生になりやすいので注意します。

餌を与える

近年は専用のフードも入手しやすいですが、ニンジンやカボチャなどの野菜・爬虫類用の乾燥フードなどを与えても良いです。素焼きの鉢皿が登りやすく、餌皿として便利です。濡れると腐敗しやすいため、水入れと離して設置すると良いでしょう。

あまり過密にしない

飼育ケージにはプラケースや衣装ケースが便利です。飛び出すことがあるため、高さがあるものか蓋のできるものを使います。参考までに、幅約30cm・奥行きと高さ20cm程度のプラケースで卵パックを積み重ねた状態だと、クロコオロギの場合、MS～Mであれば約400匹、ML以上であれば約150匹を保管できます。

その他

冬など寒い時期、特に通販で購入した場合は仮死状態で届くことがあります。その場合は開封せず、そのままの状態で室温に数時間放置することで復活します。また、高い位置からぽたぽたと落としたり叩きつけるような扱いをすると、内臓にダメージを受

けるのか死ぬ個体が多く見られます。優しく扱いましょう。

▶ 人工飼料

昨今、さまざまな人工飼料が入手できます。チューブ式や乾燥フード・寒天状のものまで多岐に渡ります。メーカーの仕様書に沿って与えてください。特に乾燥フードの場合は仕様書どおりに水でふやかして与えてください。必ず餌からも水分を採らせましょう。人工飼料に餌付いた個体であれば、これらを長期で利用しても良いです。しかしながら、必ず食べ続けるといった保証はありません。食べなくなった時には虫を利用する心構えをしておきましょう。

チューブ式の
人工飼料
（レオパゲル）

昆虫給水用ゲル

レオパ飼育・ブリーディングとは

飼育編

繁殖編

遺伝・繁殖理論

品種編

品種紹介

他のヤモリとその仲間

▶ ピンクマウス

ヒョウモントカゲモドキの餌としてはあまり一般的ではないかもしれません。極端に嫌う個体や、食べない個体も散見されます。他の餌を食べているなら無理に与える必要はなく、主食としては推奨しません。他の餌に比べて高カロリーなため、与える場合は頻度や量を虫や人工飼料に比べて少なめに設定しましょう。ブリーダーによっては給餌頻度を少なくするためや、産卵中のメスの栄養補給のために使用する場合もあります。しかし、ペットとして飼育する場合、給餌を通して飼育個体とコミュニケーションを取りたい人も少なくないでしょう。頻繁に餌を与えたい場合は他の餌を主食としてください。

ピンクマウス

水でふやかしてから
与える乾燥フード
（レオパブレンド）

ヒョウモントカゲモドキは餌からも水分補給を行うため、乾燥フードは水でふやかしてから与えます（レオパドライ）

どの餌が良いの？

Question

Answer

入 手のしやすさや栄養面などから、コオロギがお勧めです。活コオロギはガットローディングによって栄養を補填して与えます。活き餌のキープが困難な場合は、冷凍をメインとしても良いでしょう。また、人工飼料をメインにして、時々コオロギを与えるといった方法もあります。単一の

餌だけでなく、いろいろなものを与えることで栄養の偏りを補うといった考えもあります。個体の栄養状態やストレスに配慮しながら、「冷凍だけでなく活き餌も与える」「いろいろな種類の虫を与える」といった工夫をしても良いでしょう。

コオロギを狙う
アダルト個体

ガットローディング
（コオロギ）と水分補給

カルシウム剤は必要なの？
ビタミンD₃添加の製品が良いの？

Question

プリメント中でカルシウム剤は必須です。特に成長期の個体や産卵中のメスについては重要で、不足すると骨の変形などの原因となります。不要なカルシウムは体外に排出されるため、給餌の際は必ずダスティングで与えるようにしましょう。また、皿に入れて常設も推奨します。卵の質が悪いメスが常設したカルシウム剤を舐めることで改善される場合もあります。常設する場合は数日に1度は交換しましょう。

カルシウム剤にはビタミンD₃が添加されているものがあります。ビタミンD₃はカルシウムの吸収を助けますが、過剰症を心配して毎回の使用について質問されることが少なくありません。筆者としては、成長期の個体には積極的に使用して良いと考えます。また、アダルトに関しても、常時使用している飼育者からトラブルを聞いたことはありません。ただし、これらは紫外線灯を使用せず、ビタミンD₃添加のカルシウム剤以外に総合ビタミン剤や専用フードなどを与えていない条件下であることに留意してください。

個体の成長ステージや商品の用法・用量を確認して、使用方法を検討しましょう。

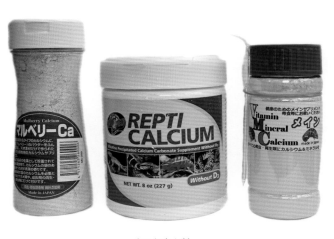

カルシウム剤

カルシウムに加え、さまざまなミネラルを含んだものも市販されています

カルシウム剤以外に
サプリメントは必要なの？

Question

Answer

　サプリメントにはカルシウム剤の他に、総合ビタミン剤と総合ミネラル剤があります。与えかたとしては、カルシウム剤と同じくダスティングと皿に入れて常設するほか、水に混ぜて与えることもできます。

　総合ビタミン剤は、飼育下で偏りがちな栄養を補うために有効です。ビタミンの中には過剰症のおそれのあるものもあるため、用法・用量を確認して使用してください。なお、コオロギにカロテン（ビタミンAに変換される成分）をガットローディングし、それを与えたヒョウモントカゲモドキが肝臓にビタミンAを十分に貯蔵できているという研究結果があります。ビタミンAは皮膚や粘膜の健康に必要な栄養で、欠乏症になれば目に異常が現れる場

合もあります。コオロギをはじめ、餌虫にもさまざまなビタミンが含まれるため、総合ビタミン剤を用いなくとも、ガットローディングや多様な餌を与えることで幅広い栄養を摂取させることも可能でしょう。

　総合ミネラル剤に含まれるミネラルもビタミン同様、体内の生理作用を担う重要な栄養です。なお、ミネラルはさまざまな餌虫にもある程度含まれています。総合ミネラル剤を使用する場合は総合ビタミン剤同様に用法・用量に沿って与えてください。

　なお、人工飼料にはたくさんの栄養素が添加されています。もちろん、ビタミンやミネラルが添加されたものもあるので、これを主食とする場合は総合ビタミン剤・総合ミネラル剤は不要でしょう。

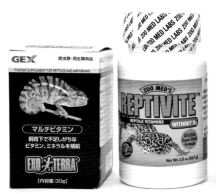

総合サプリメント

野生の虫をあげても OK?
人工の餌だけで飼えるの？

Question

ヒョウモントカゲモドキとは

飼育編

繁殖編

環境管理編

生体編

品種紹介

他のヒョウモントカゲモドキの仲間

Answer

野 外の虫を与えることは推奨しません。野生の虫は農薬や寄生虫などのリスクがあります。対して、ショップで販売されているようなコオロギなどは衛生面などに配慮し養殖されたものです。必ず餌用として販売されているものを利用しましょう。

　人工の餌だけで飼えるかどうかの質問もよく受けます。飼えないかと言われれば、不可能ではありません。しかし、「生きた虫しか食べない」「人工飼料を食べない」といった個体もいます。人工飼料に餌付いていた個体が急に興味を示さなくなることもあるため、必要に応じて虫を扱うつもりで飼育しましょう。また、本来のヒョウモントカゲモドキはさまざまな虫などを餌としています。こういった生態を考慮すると、人工飼料だけでの飼育よりは、できるだけ餌の種類に幅を持たせたほうが良いでしょう。

取り扱いがしやすいようにカップ入りで販売されている餌虫

ガットローディングして栄養価を高めましょう

餌はどうやって
与えたら良いの？

Question

Answer

の与えかたには、

1 ピンセットで与える

2 活き餌をケージの中に放す

3 餌皿などに置く

の3種類があります。順に説明します。

1 ピンセットで与える

　ピンセットでの給餌は全ての餌で実施できます。食べている数や餌の捕りかたなどを把握しやすいといったメリットもあります。冷凍コオロギや人工飼料などを与える場合、顔に直接押し付けてはいけません。餌を顔から離し、床付近で小刻みに震わせるように動かしてあげると飛びかかってきます。

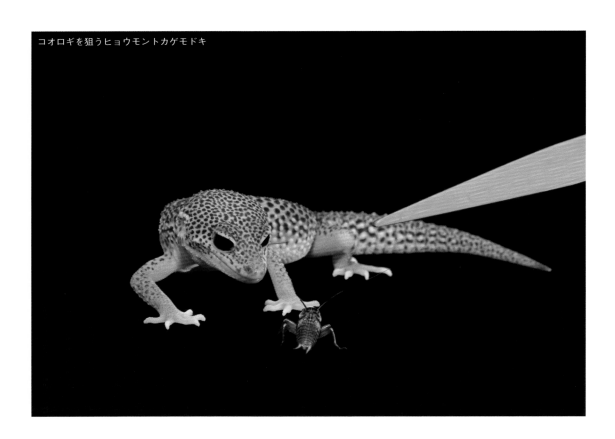

コオロギを狙うヒョウモントカゲモドキ

ニシアフリカトカゲモドキとは

飼育編

繁殖編

健康管理編

品種編

品種紹介

他のトカゲモドキの仲間

❷ 活き餌をケージの中に放す

「投げ込み」や「放ち餌」とも呼ばれます。活き餌をケージの中に放す場合は、その餌の特徴を予め理解してから行います。隠れてしまって捕えられない虫や、飼育個体を齧るような虫もいるため、注意が必要です。活き餌を見つけると、冷凍餌などでは見られないような捕食行動を取ることもしばしば。尻尾の先をビビビッと小刻みに振り、餌に飛びつく姿は非常に興味深いです。なお、食べ残した餌は少なくとも翌日には取り除くようにします。いつまでも残った虫がケージの中を徘徊していると、餌食いが悪くなることがあります。また、齧られるなどの事故にも繋がるため、食べ残しは撤去しましょう。

❸ 餌皿などに置く

「置き餌」とも呼ばれます。慣れた個体であれば、冷凍コオロギや人工飼料を皿に置いておくだけで食べる場合もあります。ただし、冷凍コオロギやふやかした人工飼料を放置すると、雑菌が繁殖したり水分が蒸発したりと、餌として適さない状態になります。長期間置き餌をするのではなく、設置した翌日には食べ残しを撤去しましょう。

餌皿に入れた給餌例

床材（キッチンペーパー）の下に潜り込んだジャイアントミルワーム

飼育個体に合わせて脚や触角を取り除きます。コオロギの後脚は、太い部分（腿節）の先を摘んで付け根にかけて圧迫すると簡単に取れます

虫から人工飼料に
切り替えるには？

Question

Answer

×　インの餌が虫の個体を人工飼料に餌付かせる方法ですが、何もせずにピンセットで差し出してみると、意外にも素直に食べる個体が少なくありません。しかし、数粒食べて「なんだか変なものを食わされた」とでも言いたそうなリアクションを見せる個体もいます。ある程度与えて食べなくなったら、また数日空けて給餌を行い、慌てずゆっくりと慣らしていきましょう。

　そもそも人工飼料に興味を示さない個体についてですが、

1 人工飼料にコオロギなどの体液を塗る
2 人工飼料を鼻先に持っていき舐めさせる
3 コオロギなどを見せて飛んできたところに人工飼料を食べさせる

などの方法があります。**1** **2** はよく試される手法で

す。**2** はドライなものではなく、水でふやかした状態のものを使います。においや外見で餌として認識しない個体でも、舐めた途端に「これは食べられるものだ！」と飛びつくこともあります。**3** は彼らをだますような形になりますが、コオロギめがけて飛びかかってきた際に、人工飼料にすり替えて食べさせます。また、コオロギをむしゃむしゃと食べている横から、人工飼料を咥えさせて食べさせるといった方法もあります。**1**〜**3** は最初に人工飼料を食べるきっかけにすぎないので、1度食べたらゆっくりと慣らしていきましょう。ただし、どうやっても食べない個体もいるので、その場合は諦め、その個体が食べる餌を与えます。間違っても強制給餌のようなことをしてストレスをかけてはいけません。

人工飼料を狙うヒョウモン
トカゲモドキ

活き餌への餌は必要？

必要です。餌虫に水も餌も与えないままキープすると、餌虫が死ぬだけでなく、栄養に乏しい餌となってしまいます。餌虫が食べた餌は、そのまま飼育個体の栄養に反映されると言っても過言ではありません。コオロギ専用餌なども入手しやすくなっているので、餌虫には必ず餌を与えましょう。

給餌の前は、生野菜なども与えてガットローディングをします。また、餌虫を不衛生な環境でキープすれば、それも飼育個体に反映されます。細菌感染やアンモニア中毒などの原因ともなるため、清潔な管理を心がけ、死んで傷んだ餌虫は与えないようにします。

餌虫に十分に餌を与えて栄養価を高めておき、給餌前にはカルシウム剤などをまぶして与えると良いでしょう

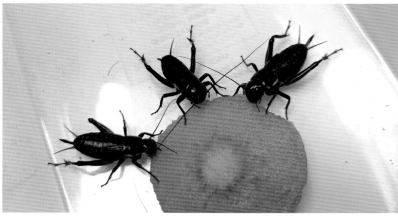

ガットローディングによく使用される餌

餌の頻度と与える時間は？
給餌の際はシェルターから
出したほうが良いの？

Question

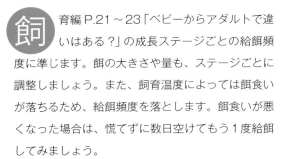

Answer

飼 育編 P.21〜23「ベビーからアダルトで違いはある？」の成長ステージごとの給餌頻度に準じます。餌の大きさや量も、ステージごとに調整しましょう。また、飼育温度によっては餌食いが落ちるため、給餌頻度を落とします。餌食いが悪くなった場合は、慌てずに数日空けてもう1度給餌してみましょう。

餌を与える時間はピンセットでの給餌の場合、いつでもかまいません。活き餌を放す場合、慣れた個体ならいつでも良いのですが、そうでない場合は消灯前がベスト。ヒョウモントカゲモドキは本来夜行性のため、消灯後に彼らが活動して活き餌を捕食するようにします。

なお、給餌する際にシェルターから出す必要はありません。まずは隠れている状態で、シェルターの入り口で餌を動かしてみましょう。シェルターから引っ張り出して、いきなり「餌ですよ」とピンセットを近づけても、驚いて食べないことも少なくありません。慣れた個体であれば、シェルターから自然と出てくるし、そうでなくともシェルターの中から奪うように餌を捕っていきます。シェルターに籠ってピンセット給餌ができないような場合や神経質な個体であれば、そっと置き餌や放ち餌をしておきましょう。

勘違いしてはいけないのは、シェルターから出すのがだめというわけではありません。シェルターの中が汚れていることもあれば、あまりに出てこない場合は体調不良の場合もあります。給餌の際以外で適宜シェルターを動かし、健康チェックをしましょう。

ヒョウモントカゲモドキとは

飼育編

繁殖編

健康管理編

品種編

品種紹介

他のトカゲモドキの仲間

複数匹で飼えるの？

Question

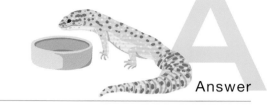

Answer

推奨しません。餌と間違えて噛んで怪我をしたり、オス同士であれば殺し合いのような喧嘩に発展します。ペットとして飼育する場合、1匹で飼育することを心がけましょう。以下の特例的場面では多頭飼育もできますが、「スペースを省きたい」「器具を節約したい」「仲良くさせたい」などの考えであれば、よほどの飼育経験でもないかぎりリスクのほうが大きいのでやめておきましょう。

1 ベビーからヤングの頃

2 メスだけ

3 オス1匹とメス複数匹での繁殖コロニー

これらが特例的に可能です。2、3匹であれば、全長の2倍×2倍程度のケースを準備します。繁殖コロニーやペアでの飼育の場合はもう少し広めに取ってかまいません。1匹1匹の餌食いや健康状態に注意しながら行いましょう。また、**3**の場合はオスが積極的すぎるとメスがボロボロになるため、そのような場合は分けましょう。多頭飼育の場合、給餌はをピンセットで行うなどの工夫をし、間違って同居個体を噛むなどのトラブルを防止するようにします。

複数飼育例（オス1・メス2のハーレム飼育）

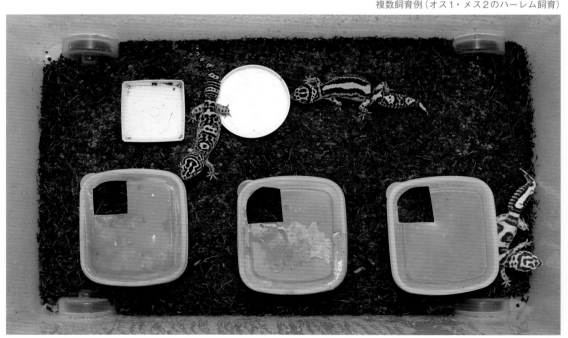

餌を食べないけど、どうすればいい？

Question

Answer

飼 育編 P.21〜23「ベビーからアダルトで違いはある？」の成長ステージごとの適した環境を作ることができているかを見直します。特に湿度と温度面が重要で、必ず温度計や湿度計を使って確認します。温度は各所の気温と底面の温度を確認しましょう。ベビーからヤングでは温度だけでなく湿度も重要なため、乾燥には十分注意。また、季節的な気温などの変動も要因となります。秋からは温度が下がり、湿度も低下します。これによって餌食いが落ちる場合が少なくありません。慌てずに加湿・加温をして環境を改善してください（飼育編P.36〜37「季節によって温度や湿度はどうやって維持するの？」参照）。加えて、季節による環境変化が原因の場合は給餌間隔を空けてもかまいません。2日に1回だったのが3〜4日に1回といった具合です。温度・湿度などが問題ない場合、餌の種類を変えてみるのも有効。人工飼料や冷凍餌がメインの個体では、活コオロギに対して不快なリアクションを取る場合もあります。こういった個体に活コオロギを与える場合、後肢と触角を取り除き、頭もかるく潰しておきます。

拒食（餌を食べなくなること）の場合、強制給餌が話題に上ることがしばしばありますが、それがとどめになって再起不能となる場合もあります。強制給餌は本当に最後の手段です。「改善点を探っても改善しない」「尾が異常に痩せる」「糞の様子がおかしい」などといった場合は獣医師に相談しましょう。飼育環境や季節による拒食ではなく、別の原因が疑われます。

筆者の場合、当年のベビーがヤングアダルトくらいに育った秋頃から給餌頻度を落とします。いくら室温と湿度に気を遣っても、ヒョウモントカゲモドキは微妙な環境の変化で季節を感じ取っているようで、餌食いが落ちます。翌年3月頃から外が春めいてきたら自然に食いも戻り、問題なく成長して立派なアダルトに育ちます。また、アダルトであれば晩秋からクーリングに入り、給餌をストップします。

Check Point

① 気温と底面温度
② 湿度
③ 季節の温度変化
④ 給餌頻度
⑤ 餌の種類や与えかた
⑥ その他

単一の餌だけでも OK?
死んだ虫は使えるの？

ヒョウモントカゲモドキとは

飼育篇

繁殖篇

健康管理篇

品種篇

品種紹介

他のトカゲモドキの仲間

Question

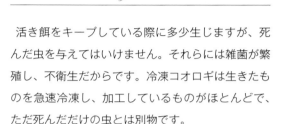

Answer

流通するヒョウモントカゲモドキのうち、ブリーダーの元でコオロギだけを食べて育った個体は少なくありません。しかし、単にコオロギだけといっても、サプリメントの使用やガットローディングなどによってさまざまな栄養を強化しています。単一の餌で管理するならば、どのような栄養素が必要となるかをよく考慮しましょう。また、本来の食性を考慮してできるだけ餌の種類に幅をもたせるといった考えもあります。ペットとして飼育する場合、主食とおやつ感覚で与えるものを準備しても良いでしょう。

活き餌をキープしている際に多少生じますが、死んだ虫を与えてはいけません。それらには雑菌が繁殖し、不衛生だからです。冷凍コオロギは生きたものを急速冷凍し、加工しているものがほとんどで、ただ死んだだけの虫とは別物です。

また、コオロギなどではアンモニア中毒によって死んでいる場合があります。アンモニア中毒で死んだコオロギは高濃度のアンモニアを含んでおり、それを食べたヒョウモントカゲモドキも同様に中毒症状を示すことがあります。死んだケースもあるので、死んだ虫を与えることはやめましょう。

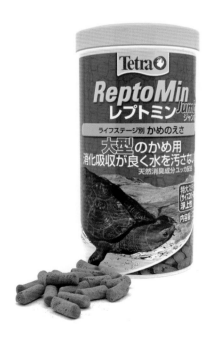

カメなどの爬虫類用フードもガットローディング用に利用されています

ヒョウモントカゲモドキが
逃げた（脱走した）時は？

Question

Answer

ヒョウモントカゲモドキの脱走はしばしば耳にします。基本的には蓋のしっかりできるケージや登れない高さのケージ（P.39〜43「飼育に必要なものとスペースは？」参照）であれば脱走は起きません。脱走の多くは、蓋の閉め忘れや自作ケージの不備などが元で起きます。問題点をしっかりと対策し、脱走が起きないようにしましょう。加えて、飼育部屋のドアはこまめに閉めるようにします。

さて、逃げたヒョウモントカゲモドキは意外にも見つけづらいものです。あれだけ動きのゆっくりなトカゲがいったいどこに…？　となるかもしれませんが、パニックにならず、落ち着いて探しましょう。灯台下暗しにならないよう、まずはキッチンペーパーなどの床材の下、素焼きウエットシェルターの上のくぼみ、その他レイアウト用品の隙間などを確認してみてください。それでもいなければ脱走です。まず、部屋から出ていく可能性があるドアなどを閉めましょう。そして、ゴキブリ捕獲器といった粘着性トラップを片付けます。ヒョウモントカゲモドキがかかると、最悪の場合、死んでしまいます。

それから以下のポイントを確認してください。

1 目線より上の壁、特に隅をぐるっと見渡す
体の軽いベビーやヤングであれば、壁紙に爪をひっかけて器用に登ることがあります。

2 床と壁の境目を見渡す
ヒョウモントカゲモドキが床を這った場合、壁に

阻まれてストップしていることがあります。

3 カーテンの裏を見る
ここにも爪をひっかけて登っていることがあります。

4 家財の下、壁との間をライトで照らしながら見る
意外と狭い空間にも入り込みます。棚なども一段一段チェックしましょう。個体の大きさによっては引き戸と壁の隙間も確認します。

5 冷蔵庫の裏を見る
冷蔵庫がケージの近くにあるなら可能性大です。特に秋・冬・春。冷蔵庫の多くは裏にコンプレッサー（炊飯器みたいな形状のもの）がむきだしになっており、この部分が温かいため、ヒョウモントカゲモドキがよく入り込みます。

6 他の飼育生体のヒーター上やライトの上
適度に温かい場所で暖をとっていることがあります。

7 その他、床に落ちているシェルターになり得るものの中
バッグ・紙袋・ビニール袋・段ボール箱など。

1〜**7**で出てこない場合、筆者は様子見を推奨します。ヒョウモントカゲモドキが自然に出てくるの

を待つため、以下を行います。

[a] プレートヒーターを床に設置し、上にシェルターを置いておく

　自然に入ってくることを狙います。毎朝中に入っていないか確認しましょう。

[b] 消灯後にしばらくしてからライトを点灯する

　夜中にライトをつけてみましょう。彼らは本来夜行性なので歩き回っているかもしれません。特に、空腹になると餌を探して活発に歩きます。

[c] 糞がないかチェックする

　糞が落ちていればその周辺にいる可能性があります。特に軟らかい糞や、糞が多数あるようなら周りを探してみましょう。

[d] 床にものを置かない

　床にものを置いておくとシェルターにされる場合があります。ただし、床を片づける際は要注意。袋やカバンなど、思わぬところに入っている可能性があります。

[e] 飼育部屋のドアは閉める

　飼育部屋のどこかにいると仮定し、ドアはこまめに閉めましょう。冬などの寒い時期は、あまり移動しません。

[f] 吊り下げている袋や開封した床材の袋・段ボールの中を見る

　ヒョウモントカゲモドキは意外にも立体活動をするため、高い所に登り、落ちて下にある袋や箱の中に入っていることも。

[g] かりかりと掻く音がしないか耳を澄ます

　ヒョウモントカゲモドキがどこかに入って出れなくなっていると、隅や床を掻くため音がすることも。

　ヒョウモントカゲモドキは尾に栄養を貯め、絶食にも強いので数日で死ぬことは稀でしょう。様子を見ても出てこない場合は、行きつけのショップや飼育仲間に相談するのも手です。思わぬ発見例があるかもしれません。なお、屋外に出た可能性がある場合は警察に落とし物として問い合わせるのも1つの手段です。落ち着いて、彼らの生態を考えながら探してください。また、こうなる前に日頃から脱走防止に取り組んでおくことが大切です。

ヒョウモントカゲモドキとは

飼育編

繁殖編

健康管理編

品種編

品種紹介

他のトカゲモドキの仲間

いつでも触ってかまわないの？
温浴は必要？

Question

Answer

メンテナンス程度の移動などは触ってかまいません。ただし、ハンドリングする場合、餌を食べた直後は吐き戻しの原因となるため控えましょう。詳しくはP.12「触れるの？　ハンドリングできるの？」を参考にしてください。

ヒョウモントカゲモドキの飼育で温浴は必要ありません。かえってストレスになる場合も。脱皮不全が起きた際に残った脱皮片を取り除く場合や、糞などで汚れた際に洗う場合など最低限にします。

また、トカゲやリクガメの温浴のように、湯に浸ける方法を取ると溺れる場合があります。ヒョウモントカゲモドキの場合、小さめのケースに浅く人肌程度の温度のぬるま湯を張り、キッチンペーパーを沈めてそこに飼育個体を乗せます。これだけで十分に脱皮片をふやかすことができます。

温浴例

長期で家を空ける場合は
どうしたらいいの？

Question

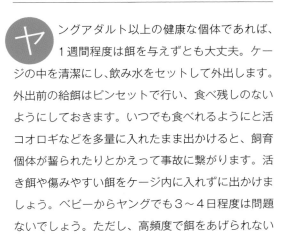

Answer

ングアダルト以上の健康な個体であれば、1週間程度は餌を与えずとも大丈夫。ケージの中を清潔にし、飲み水をセットして外出します。外出前の給餌はピンセットで行い、食べ残しのないようにしておきます。いつでも食べれるようにと活コオロギなどを多量に入れたまま出かけると、飼育個体が齧られたりとかえって事故に繋がります。活き餌や傷みやすい餌をケージ内に入れずに出かけましょう。ベビーからヤングでも3〜4日程度は問題ないでしょう。ただし、高頻度で餌をあげられない

日があると成長不良に繋がり、アダルトに比べると水切れにも弱いです。長期の外出は時々に留めます。できるならば、給水だけでも家族に依頼するか、ペットホテルを利用します。ショップでもペットホテルを兼業していて預かってくれる場合があるため、事前に相談してみても良いでしょう。

長期で家を空ける場合、夏の高温や冬の低温などでトラブルが生じることも。必ずエアコンをつけておき、可能であればペットカメラやWi-Fiに繋げられる温度計やリモコンを使用しておくと便利です。

Wi-Fi接続できる温度計とリモコン。外出先でもスマートフォンを通して室温がわかり、エアコンの操作もできる製品

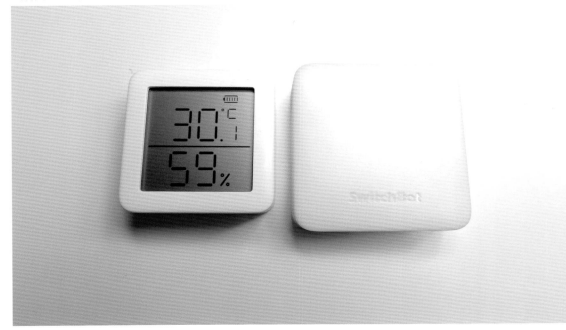

日頃どんな世話が必要なの？

Question

Answer

ヒョウモントカゲモドキの日頃の世話は下記のとおりです。毎日絶対にしなければならないものはなく、必要に応じてそれぞれの世話を行います。

1 清掃

主に糞や食べ残しの除去がメインとなります。どちらも毎日するものではないので、その都度取り除きます。床材がキッチンペーパーなど紙系の場合は全交換。赤玉土などのような土系であれば、糞と周りの土をピンセットやトングで除去し、土系などの場合も定期的に全交換するようにしましょう。ケージ全体の洗浄も定期的に行ってください。この際、洗剤などはなるべく使用せず、水洗いしたものを天日干しなどで乾かし、清潔に保つようにします。

2 給餌

成長ステージや個体に合わせた頻度で給餌します（飼育編 P.21～23「ベビーからアダルトで違いはある？」参照）。給餌後は消化を促すためヒーターの上に移動したり、体温が上がったらシェルターの中に戻っていったりします。観察してみましょう。

3 給水

水は新鮮なものを常設します。汚れていないように見えても1～2日に1回は取り換えるようにします。霧吹きを使用する場合は、個体に直接かけず、壁面に吹きかけるようにします。水入れを設置せずに毎日の霧吹きで給水することも可能ですが、ある程度の飼育経験が必要です。

4 健康確認

糞の状態や歩きかたを確認します。詳しくはP.93～「健康管理編」を参照してください。

繁殖に適した
大きさや年齢は？

ペアリングの方法は？

繁殖に適した季節は？

卵を切り開く
必要はあるの？

雌雄の
見分けかたは？

ペアリングをしなくても
産卵するの？

繁殖編

Breeding 03

クーリングの期間と
温度は？

産卵に
必要なものは？

ヒョウモントカゲモドキの人気の理由はその愛らしさだけではありません。繁殖が比較的手軽なため、自分で品種の作出などに挑戦できることも人気の理由です。そもそも、この楽しみかたがなければここまで普及しなかったでしょう。しかしながら、繁殖は個体にとって命がけの行為であり、必ずしも繁殖を目指して飼育しなくても良く、無計画な繁殖はせっかく育てた個体を死の危険に晒します。繁殖にチャレンジする場合はよく検討し、計画性を持って取り組みましょう。

どんなふうに
産卵するの？

卵はどうやって
管理するの？

性別はどうやって
決まるの？

卵が裂けて
しまった

孵化直後のベビーは
どう管理するの？

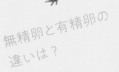

無精卵と有精卵の
違いは？

子供には何が遺伝するの？

繁殖に適した
大きさや年齢は？

Question

Answer

メスは生後1年半〜2年、オスは1年以上経過し、十分に成熟した個体を用います。大きさの基準はアダルトの飼育ステージ（飼育編P.21〜23「ベビーからアダルトで違いはある？」）を参考にしてください。これに加えて、体重を指標とする場合、オスでは45g以上、メスでは50g以上を目安とします。ただし、体重は個体の体型によって変動します。「100gあるんです！」といって見せられた個体があきらかな肥満で、とても正常な体型でないことも何度か経験しています。正常な体型（P.28〜29「どこを見て、何に注意して選べば

良い？」参照）で全長がアダルトの基準を満たしているかで判断することを推奨し、補足として体重も計測すると良いでしょう。その他、卵胞がよく発達しているかを確認することで、成功率を上げることもできます。

小さなメスや若いメス・肥満のメスを使用すると、卵詰まりなどのトラブルに繋がりやすく、最悪の場合は死んでしまいます。また、導入直後の個体をすぐに繁殖に使用すると、環境の変化から思わぬトラブルに繋がることも。焦らずゆっくり環境に慣れさせた個体を使用しましょう。

卵胞

卵胞を確認して
いる様子

雌雄の見分けかたは？

Question

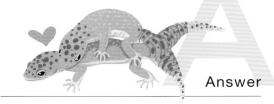

Answer

雄の特徴は、体型と総排出口周辺に現れます。体型で見ると、オスはメスに比べて体が大きく、えらが張ります。メスはやや小ぶりで、丸みを帯びたフォルムになります（P.25「オスとメスで飼育や健康に違いはある？」参照）。雌雄判別の際、特に重要なのは総排出口周辺です。総排出口周辺の観察は、慣れていれば個体を持ち上げてもいいし、そうでない場合は個体を透明なカップやプラケースに入れて下から観察します。以下の特徴を参考にしてください。

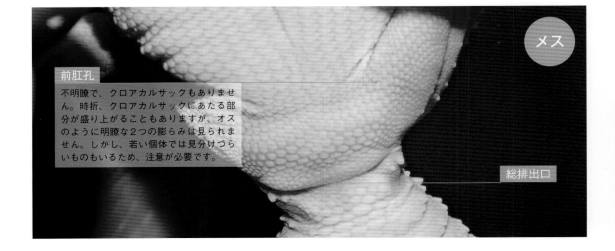

オス

前肛孔
穴の開いた鱗がへの字型に並びます。ワックス状の物質が内部より分泌され、これを石や木などに擦り付けて縄張りを主張しているとされます。若い個体は見分けづらく、ルーペを用いて確認するといった手法もあります。

クロアカルサック
総排出口より尾側に見られる特徴で、2つのコブ状の膨らみが並びます。Cloacal＝総排出口、Sack＝袋のことで、中にはヘミペニス（生殖器）が収納されており、交尾の際などに出します。

総排出口
糞尿の排出・生殖口などの役割があります。

メス

前肛孔
不明瞭で、クロアカルサックもありません。時折、クロアカルサックにあたる部分が盛り上がることもありますが、オスのように明瞭な2つの膨らみは見られません。しかし、若い個体では見分けづらいものもいるため、注意が必要です。

総排出口

繁殖に適した季節は？

Question

Answer

ヒョウモントカゲモドキの原産地には日本と同様に四季があり、日本で繁殖させる場合でも季節に沿って繁殖サイクルを組むことができます。ヒョウモントカゲモドキの繁殖サイクルについて理解したうえで、繁殖計画を練りましょう。クーリングを行わないブリーダーもいますが、ここではクーリングを経て発情を促す本来の生態に近い繁殖サイクルについて説明します。

健康に育った親個体の飼育温度を秋頃（11月前後）から徐々に下げ、冬（12〜翌年2月頃）には15〜20℃ほどに低下させてクーリングを行います。この間、餌をほぼ食べませんが、水は常備して湿度も維持しておきます。クーリングの温度はP.83

「クーリングの期間と温度は？ 注意点も教えてください」を参照。春（3〜4月頃）にかけて飼育温度を徐々に戻すと、クーリングを経験した親個体は発情し、交尾の準備が整います。オスは発情すると尻尾を小刻みに震わせます。メスと対面させていなくとも、この行動は見られる場合があるため、発情しているかどうかの指標にしても良いでしょう。

ただし、クーリングにはある程度の経験と技術が必要です。じっくり飼育して個体の調子を整え、飼育者の経験も積んでから行いましょう。クーリングを行わない方法としては、温度をやや下げ、餌を1〜2週間与えないことで発情を促すといった方法もあります。

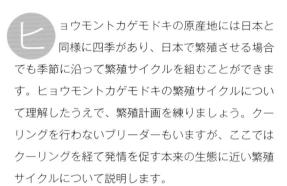

| 3月 | 4月 | 5月 | 6月 | 7月 | 8月 | 9月 | 10月 | 11月 | 12月 | 1月 | 2月 |

徐々に気温を上げる

個体が動き回るようになってきたら、様子を見ながら給餌を再開

ペアリング期間

産卵期間

給餌間隔を空けていき、気温を下げ切る1週間ほど前には餌を与えない

徐々に気温を下げる

クーリング期間

餌を与えず、飲み水を常設。乾燥しすぎないよう湿度に気を配る

ペアリングの方法は？

Question

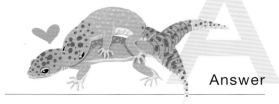

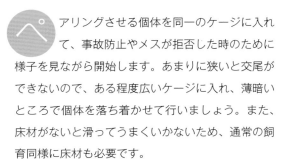

Answer

　ペアリングさせる個体を同一のケージに入れて、事故防止やメスが拒否した時のために様子を見ながら開始します。あまりに狭いと交尾ができないので、ある程度広いケージに入れ、薄暗いところで個体を落ち着かせて行いましょう。また、床材がないと滑ってうまくいかないため、通常の飼育同様に床材も必要です。

　単独飼育していた雌雄を一緒にすると、オスが尾を小刻みに振り、メスにアピールします。ここからさらに、オスがメスに噛みつき、これをメスが受け入れ、互いの総排出口を接触させることができれば交尾成立です。しかしながら、メスが拒否する場合

や、オスが交尾に積極的でない場合もあります。そのような場合は数日置いてから、またチャレンジしてみましょう。交尾後はオスがヘミペニスを舐め、クロアカルサックに収納する様子が観察できます。なお、数日間雌雄を同居させておくといった方法もありますが、その場合は適度に様子を見ながら行いましょう。オスによってはメスの皮膚を噛んでボロボロにすることもあるので注意が必要です。ボロボロになった皮膚は脱皮を繰り返せば基本的には自然に治癒します。個別飼育に切り替えて様子を見ましょう。

交尾シーン

ペアリングをしなくても産卵するの？

Question

Answer

ペアリングを経ずとも無精卵を産むメスは少なくありません。クーリングなどが刺激になって抱卵し、交尾をしていない場合は無精卵を産みます。特に1度繁殖を経験したメスではサイクルができるのか、翌シーズンになると交尾をさせていなくとも無精卵を産み出す個体が多いように感じます。無精卵の産卵も有精卵の場合と同じく、数クラッチ（P.85参照）続き、産卵が近づくと餌を食べなくなることが多いです。それに伴い体力を消耗するので、給餌をしっかりと行いましょう。抱卵している卵があまりに大きくなりすぎて尾が異常に痩せてくると卵詰まりが疑われるので、早めに獣医師に相談してください。

有精卵（上）と無精卵（下）。無精卵は潰れたような形状のものが多く、保管しても膨らみません

クーリングの期間と温度は？
注意点も教えてください

Question

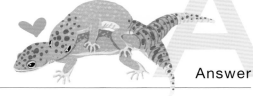

Answer

健康な個体であれば1〜2ヵ月はクーリング期間を設けても問題ありません。最低でも2〜3週間程度はクーリングさせると良いでしょう。飼育温度は秋頃（11月前後）から徐々に下げ、クーリング期間中は15〜20℃ほどを目安にします。

クーリングは親個体を確実に発情させるための重要な鍵です。しかしながら、低温によるリスク回避のため、飼育温度を低下させながらもパネルヒーターなどを用いて床の一部を温めておくと良いでしょう。この際、パネルヒーターは低温火傷防止のため、シェルターとは離した位置に敷きます。また、床材は過度に湿らせず、清潔なものを使用します。不衛生なものやびちゃびちゃの土などを使用すると炎症などのトラブルの原因となります。

高温飼育されていた個体は、温度を突然下げるのではなく、徐々に下げてより注意しながらクーリングさせましょう。尾が異常に痩せるなどの問題が起きた場合は、クーリングを中止し、通常の飼育に戻します。元の健康状態に戻らない場合もあるため、クーリングを行う際はリスクを理解して取り組みましょう。

しっかり準備すれば、このような光景に立ち会うことも難しくありません

クーリング期間の水や餌やりは？産卵に必要なものは？

Question

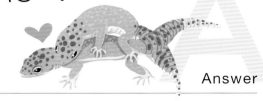

Answer

餐を抜き、水は新鮮なものを常設します。時折、少し気温が上がった際などに餌を食べる個体がいますが、そのままたくさん与えると消化しきれなかったり、吐き戻しの原因となります。気温が上がってきたクーリング明けの段階で、徐々に給餌量や頻度を増やしていくのは問題ありませんが、クーリング期間中の給餌は控えたほうが良いです。

ケージ内の湿度にも注意します。過度に乾燥すると異常に痩せる場合があるため、ウエットシェルターなどで湿度をコントロールしましょう。

産卵の前には、産卵床と呼ばれるものを作り、交尾後のメスのケージに設置します。タッパーに湿らせた土やバーミキュライトなどを入れたもので、ここにメスが産卵します。タッパーは10〜15cm四方・深さ10〜15cm程度のもので、メスの大きさによってはもっと大きなものを用意しましょう。

なお、タッパーは透明度が低いもののほうが、個体が落ち着きます。

産卵床。見えにくいですが
下部に卵が産み落とされて
います

掘り出した卵

どんなふうに産卵するの？

Question

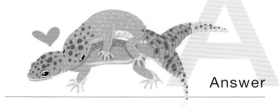

Answer

ヒ ョウモントカゲモドキのメスは1回に2個産卵し、これを2〜3週間ごとに5回程度繰り返し、計10個程度産卵します。この1回の産卵をクラッチと呼び、多いものでは8〜10クラッチに及ぶこともあります。なお、少数ですが1度に1個しか産卵しないこともあります。体内にもう1個の卵がずっと残っている様子がなければ問題はありません。

交尾後のメスは2週間〜1カ月程度で産卵します。交尾後しばらく経過すると、下腹部の両脇に楕円形の白い卵が透けて見え、産卵が近くなるとより明瞭になります。加えて、産卵が近づくと餌を食べなくなる個体が多いです。無事に産卵を終えると腹部がへこむので、餌をたくさん与えて、次の産卵に備えましょう。

なお、腹部に卵があるのにいつまでも産卵せず、尾が急に痩せてきた個体は卵詰まりが疑われます。その場合、早急に獣医師に相談してください。卵詰まりは命に直結するので、よく観察しましょう。

抱卵したメスの腹部

卵はどうやって管理するの？

Question

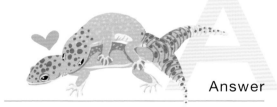

Answer

産　卵床の土中に埋められた卵は、できるだけ早く取り出します。上下を反転させないように卵に水性マジックなどで印を付け、保管容器に移しましょう。爬虫類の卵は鳥などと異なり、上下を反転させると死んでしまうので注意。また、保管容器の蓋には回収した日付をメモしておくと孵化日が予想しやすいです。

　保管容器には、加水した土やバーミキュライト・パーライトなどを孵卵材として入れておきます。この際、孵卵材をびちゃびちゃにしてしまうと、卵は溺死します。加水した孵卵材を強く握っても水が滴らないくらいが目安です。加減がわからない場合は、予め加水された専用の製品も販売されているので活用すると良いでしょう。

　卵は27～30℃程度で、できるだけ温度が安定した場所で管理します。温度が高すぎる・低すぎる場合などは発生が止まり、孵化しないので注意します。孵化までの日数は、温度が低ければより長く、高ければより短くなります。参考までに、26～27℃では60～70日程度、30～31℃では40～50日程度かかります。

　ヒョウモントカゲモドキの卵は鶏などの卵と異なり、薄い皮のような膜で覆われています。硬い殻の卵は湿度を吸うと割れてしまいますが、ヒョウモントカゲモドキのような卵は徐々に水分を吸収し、大きく膨らんでいきます。このため、適正な湿度で管理する必要があります。湿度が足りない状態では、しぼんでしまうので注意してください。回収が遅れて多少凹ついた卵でも復活することがあるので、試しに保管してみても良いです。

孵卵用のバーミキュライト

市販されている専用の孵卵キット

卵の保管

性別はどうやって決まるの？

Question

Answer

　ヒョウモントカゲモドキは卵を管理する温度によって性別が変わります。これは温度依存型性決定（TSD）と呼ばれ、ワニ類やカメ類などでも見られる性決定の仕組みです。これを活用して、ブリードにおいては狙った性別の個体を作り出すことができます。ヒョウモントカゲモドキによる性決定の比率は以下の図を参考にしてください。なお、

26〜30℃においては温度が30℃に近づくにつれてオスの割合が高くなります。また、このような温度管理を完璧にこなすのは至難の業で、精度を上げるには高価なインキュベーター（温度を一定に保つ機器）が必要になります。そのような機器を用いなければ、26℃に設定したつもりでも、実際のところはある程度雌雄両方が出現することでしょう。

ヒョウモントカゲモドキの TSD

孵卵温度	性別	
26℃	メス	
30℃	オス	メス
31〜33℃	オス	
34℃	メス	

インキュベーター例

孵化直後のベビーは
どう管理するの？

Question

Answer

孵化直後のベビーは敏感で臆病です。卵から這い出てきても、1〜2日程度はそのまま様子を見て、その後、飼育ケージへ移動させます。そこからの基本的なケアは飼育編 P.21〜23「ベビーからアダルトで違いはある？」を参考にしてください。

餌付けについてですが、筆者は生後3日程度から給餌を始め、最初は頭を潰したコオロギSサイズを置き餌しておきます。気持ち小さめのコオロギを使うよう意識します。図太い個体は生まれてすぐにピンセットから餌を捕りますが、全ての個体がそうではないので、慎重に観察して育てていきましょう。

孵化直後の幼体

卵が裂けてしまった

Question

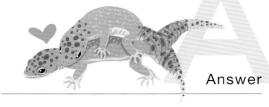

Answer

卵を管理していると、湿度が高すぎるなどの要因で破裂することがあります。そのまま放置すると、卵の内容物が漏れ出し、カビなどに侵されて死んでしまいます。こういった場合、割れた部分をシリコン接着剤などで蓋をすることで、無事に孵化するケースもあります。使用するシリコン接着剤は防カビ剤が入っていない水槽用の製品などを使用します。あきらめず挑戦してみましょう。

裂けた卵を補修（この卵は
無事孵化に至りました）

ヒョウモントカゲモドキとは

飼育編

繁殖編

健康管理編

品種系

品種紹介

南のトカゲモドキの仲間

無精卵と有精卵の違いは？発生の確認の方法を教えてください

Question

Answer

ひと目でわかる違いは、形です。有精卵は張りがあってきれいな楕円形をしています。産卵直後は細長く、表面がねばねばとしており、時間が経つと膨らんで表面はさらさらとした質感に変わります。

　一方、無精卵は張りがなく、つぶれたような形状をしており、時間が経っても膨らまないものがほとんどです。ただし、無精卵の中には形状では判断ができないものもあります。そのような場合は卵を1度保管し、次に示すような方法で発生の確認を行いましょう。

　部屋を暗くして、ペンライトなどで卵を透かして発生具合を確認することができます。この手法を「キャンドリング」と呼びます。手持ちの道具がない場合は、スマートフォンのライトでも代用できますが、いかんせん不鮮明なうえに扱いづらいです。100円均一店などで入手できるキーホルダータイプでも良いので、ペン状のライトを用意することをお勧めします。なお、確認する際、卵はあまり動かさないように慎重に扱いましょう。発生していれば、血管が赤く透けて確認できます。孵化が近づくと、血管は細いものが見える程度で、透き通ったような様子になり、底面に胎児の影が確認できるようになります。

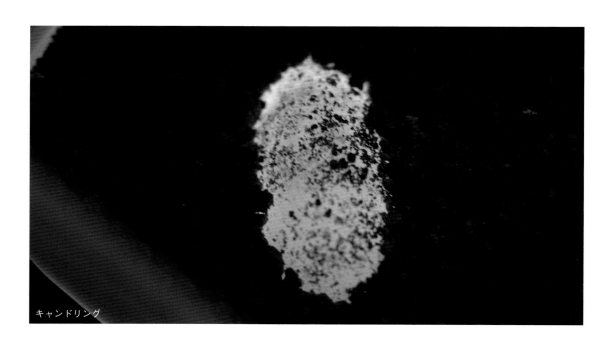

キャンドリング

卵を切り開く必要はあるの？

Question

Answer

あ りません。ヘビなどで見られる手法ですが、ヒョウモントカゲモドキの場合は切り開かずとも問題なく孵化します。また、仮に切り開かな ければ孵化できないようなベビーは、奇形や虚弱など何らかのトラブルを抱えていることがあり、そもそも育たない場合もあります。

COLUMN

産卵床を掘らずに産卵したのかどうか、どうやって判断する？

　卵を掘り起こさなくてもある程度判断できます。産卵後のメスや産卵床には以下のような特徴が見られます。慣れてくれば、個体を触らず、産卵床を掘らずともわかるようになるでしょう。

　以下をチェックしてみてください。また、❶〜❸のポイント以外にも、交尾や前回のクラッチからの期間も重要です。こちらも考慮して判断しましょう。

❶あきらかにお腹がへこんでいる

　あまり体型の変わらない個体もいますが、基本的に産卵後のメス親は卵が出た分お腹がへこみます。

❷強烈な食欲

　産卵前は食い渋る個体が多いですが、産卵後

は強烈な食欲を示す個体が多いです。シェルターから身を乗り出して餌を求めてくるような個体も。次の産卵に備えてたくさん餌を与えましょう。

❸産卵床の地面が不自然に盛り上がっている

　多くの場合、産卵後の産卵床は表面が不自然に盛り上がります。タッパーなどに産む場合は、その中の床材が5〜6cm程度の深さであれば1度底が見えるまで掘って産卵し、埋め戻す個体が多いです。タッパーを用いず、素焼きのウエットシェルター内で産む場合も、床材を深く掘るため、産卵直後は地面に不自然な隆起が見られます。また、タッパーやケージの外側から隆起している部分の下を覗くと、白い卵が見えることも少なくありません。

子供には何が遺伝するの？
体型も遺伝するの？

Question

Answer

ヒョウモントカゲモドキには多数の品種があり、これはもちろん遺伝性があります。また、その遺伝形態もさまざまです。加えて、体型も遺伝します。たとえばオス親が非常に頭の大きながっしりとした体型の場合、子供にもある程度その

体型が遺伝します。尻尾が短いなどの特徴も、両親共に同じ特徴の場合は遺伝しやすいように思います。ジャイアントと呼ばれる体型に関する品種がありますが、この品種も近年はセレクトブリードによって大型化が進められている傾向があります。

親子（左が親、右が子）。体型が似ています

日頃は何を
チェックすればいいの？

何もなくても健康診断を
受けたほうが良いの？

よく見られる病気や
異常を教えてください

肥満の場合の目安と
ダイエットの方法は？

クロアカルサックが
膨れている場合は？

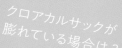

健康管理編

Health management 04

クリプトって何？

ヒョウモントカゲモドキは長寿な生き物で、10〜15年生きることは珍しくなく、中には20年以上飼育されている例もあります。ここでは日々の健康管理と、比較的目にすることが多い病気についてお答えします。ヒョウモントカゲモドキに関する書籍は多く出版されており、健康や病気について詳しく知りたい人は『ヒョウモントカゲモドキの健康と病気』（誠文堂新光社）を参考にしてください。

吐き戻しや拒食・
下痢をしてしまった

脱皮片が残っているが
どうしたら良いの？

眼や尾の形状・骨に
異常がある時は？

腹部に不自然な
膨らみがある場合は？

自切をした
場合は？

病院への
連れて行きかたは？

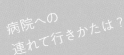

総排出口からヘミペニスが
出たままになっている

日頃は何を
チェックすればいいの？

Question

Answer

ヒョウモントカゲモドキを長期に渡って健康に飼育するには、日頃の世話はもちろんのこと、日々の健康チェックが欠かせません。下記の点を確認しましょう。なお、1つのポイントだけに注目すると判断を見誤る原因となるため、まんべんなくチェックし、健康管理に努めることが大切です。ここでのチェックポイントは、飼育編P.28〜29「どこを見て、何に注意して選べば良い？」の**1**〜**5**に近い内容の部分もあります。日頃の正常な動きをよく観察しておき、新しい個体を迎える際の参考にしても良いでしょう。

1 歩きかた・行動

四肢を引きずっていないか、シェルターから出てくる頻度が少なくないかなどをチェックします。触ったりして驚かすと普段と違った状態になるため、日頃の観察はケージの中で落ち着いている際に行います。時には健康チェックを目的としたハンドリングなどをして、細部まで確認。時々でかまわないので、太りすぎていないかの観察もしておきましょう。

2 食欲

餌への反応は、特に異常に気づきやすいチェックポイントです。餌への反応や食べ残しの量などを確認してください。ただし、数回程度の食欲不振の場合、温度や湿度・餌の種類などの環境が原因となっている場合も少なくありません。慌てず、飼育環境に不備がないかの確認から行い、続く場合はショップや獣医師に相談しましょう。

3 排便・排尿

糞や尿酸・液状の尿は個体の状態を示す非常に重要なバロメーターです。糞の形とにおい・尿酸の色と尿を重点的に確認します。

● 糞の形とにおい

ヒョウモントカゲモドキの糞は通常は楕円形から円柱状をしており、排出直後は軟らかく、黒色から褐色をしています。人工飼料を餌とした場合は十分に消化されており、食べたものの色が糞に反映されていることが少なくありません。コオロギを食べた個体の糞をほぐしてみると、細かな外骨格が混ざっています。なお、排出から時間が経って乾くと、硬く細長い形状になる場合もあります。

日頃は下痢状をしていないか、コオロギなどが食べたそのままの状態で排出されていないか、普段に比べ強いにおい（腐敗臭など）がしないかを確認し

ます。床材が混ざっていないかも見ましょう。な
お、白い糞が出た場合、脱皮片を飲み込んで消化さ
れず排出されていることがあります。ハニーワーム
の皮がほぼそのまま排出されたり、ローチ類やミル
ワームの硬い外骨格が大きなサイズで排出されるこ
ともあります。こういったケースは温度不足が原因
の場合もあるため、まずはケージ内の温度とプレー
トヒーター部分の温度の確認をしてみると良いで
しょう。

●尿酸の色と尿

　爬虫類は糞と一緒に尿酸と尿を排出します。尿酸
は白色や黄色っぽい色調をした塊状のもので、ク
リーム状で排出されることもあります。乾燥すると、
糞に比べて粉状に砕けるような質感になります。ま
た、尿は液状をしており、透明な色調をしています。

　尿酸は色調の異常を観察しやすいです。血が混ざ
ると赤色やピンク色をする場合や、内臓に異常があ
ると緑色をしていることも。ただし、異常がなくと
もピンク色や紫色をしている場合もあるため、心配
な場合は冷凍庫などで保管し、獣医師に診てもらい
ましょう。

4 顔（目・鼻・口・耳）

　顔（頭部）にも注目です。目は、しっかり開いて
いるか・濁っていないか・充血していないか・周囲
が窪んでないか・腫れてないかを確認します。瞼や
瞳に脱皮片が残っている場合、しきりに舐めたり、
あちこちに擦り付けたりします。炎症などの原因と
なるため、早めに取り除きましょう。

　鼻は、床材や分泌物が詰まっていないか、炎症を
起こしていないかを確認します。異常がある場合、
口呼吸をするケースもあるので、よく観察してくだ
さい。

　口は、頻繁に開いていないか・出血やかさぶたが
ないか・腫れていないかなどをチェックします。ま
た、口を開いている場合、ねばねばとしていないか・
口内に黄色い分泌物が詰まっていないかも確認。口
角を綿棒などで叩く・薄いシートを口の隙間に挟む
などすると、口を開かせることができますが、スト
レスになるため通常は無理をしてまで開けさせる必
要はありません。

　耳は、脱皮片が残るとややわかりづらいです。穴
の中に覆い被さるようにして皮が残ります。また、
炎症を起こしていないかなどをチェックします。

健康な糞と尿酸（上：乾燥した状態と下：排泄間もない状態）

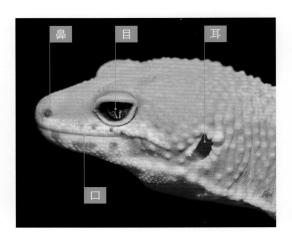

鼻　　目　　耳

口

5 尾と総排出口

　尾は飼育編 P.28〜29「どこを見て、何に注意して選べば良い？」のイラストを参考に確認します。ゆるやかに痩せるのでなく、突然異常に細くなった場合は重大な問題が起きている可能性もあります。必要に応じて獣医師の指示を仰ぎましょう。

　総排出口周辺は、糞や床材で汚れていないか・炎症を起こしていないかなどを確認します。オスであれば、クロアカルサックが腫れていないか・ヘミペニスが出たままになっていないかなど。栓子が詰まってクロアカルサックが腫れている場合（健康管理編 P.103「クロアカルサックが膨れている場合は？」）は、通常に比べて硬い質感になっていることが多いです。

6 体重

　体重も健康管理の1つのバロメーターになります。異常な増減をしていないか、成長度合いに応じて増えているかなどを確認しましょう。一時だけを確認するのではなく、長期に渡って健康管理の一環として行うと良いでしょう。異常を感じたら、腹部が張ってないか、糞の状態は悪くないかなど他のポイントと総合して問題点を考え、必要に応じて獣医師に相談します。

体重測定の例

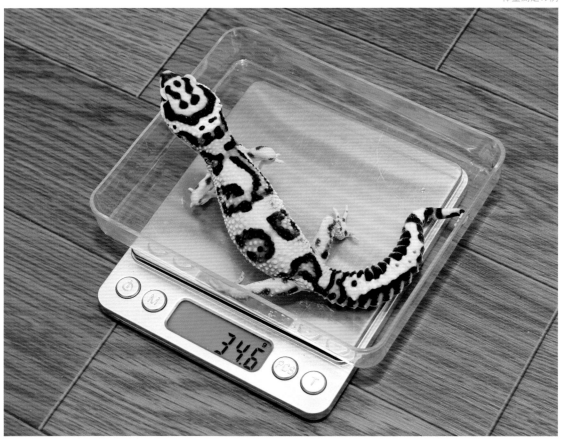

肥満の場合の目安と
ダイエットの方法は？

Question

Answer

ヒョウモントカゲモドキの肥満の基準として、尾の状態（飼育編 P.28〜29「どこを見て、何に注意して選べば良い？」参照）に加えて、腹部と足にも脂肪が付いてくると要注意です。アダルトになっても過度の給餌をしている・脂肪の多い餌を与えている・運動不足などが原因で肥満になりやすいです。肥満はさまざまなトラブルの元になり、腹部に症状が出る病気に気づきにくくなります。産卵の妨げになる場合もあり、ブリードを狙う際も健康管理を心がけ、適度な体型を維持しましょう。

参考までに、野生下では下のイラストくらいの体型のものが普通に見られます。この体型が最適とは言え

ませんが、流通している個体のほぼ全てが栄養状態が良い、もしくは良すぎている（肥満）であることがわかります。1度肥満になった個体は人間同様にすぐには痩せません。ダイエットの方法としては、給餌頻度を週1〜2回に変更する・量を抑える・脂肪の少ない餌にするなどが良いでしょう。具体的にはミルワームやピンクマウスを与えている場合、主食をイエコオロギに変え、頻度を減らすなどが挙げられます。筆者がこれまでに見た長寿の個体は、いずれも健康的な体型を維持されています。適切な体型を維持し、飼育個体と長い時間を過ごしてください。

野生下で一般的な体型

肥満体型

何もなくても健康診断を
受けたほうが良いの？

Question

Answer

近年、10歳や20歳のヒョウモントカゲモドキを飼育している人はいれども、定期的な健康診断を受けているといった話はほとんど耳にしません。とはいえ、ぞんざいに扱われているわけではなく、大切に飼育されています。筆者がカナダの飼育者と話す機会があった際、彼も16歳になるヒョウモントカゲモドキを飼育していましたが、マニアというよりは普通の飼育者で、ヒョウモントカゲモドキとコーンスネーク（20歳）を1匹ずつ飼育しているのみでした。彼も定期的な健康診断は受けさせていませんでした。

ヒョウモントカゲモドキは爬虫類の中でも飼育技術が確立された生き物です。本書や『ヒョウモントカゲモドキ完全飼育』『ヒョウモントカゲモドキの健康と病気』（いずれも誠文堂新光社）に記されているような飼育方法を守れば、定期的な健康診断を受けずとも、長期飼育することは難しくないでしょう。

しかしながら、爬虫類の病気は予防が非常に重要です。異常に気づいた時にはすでに手遅れといったことも少なくありません。健康管理のアドバイスをもらうことも含めて、異常がなくとも年1程度の健康診断を受けても良いでしょう。もちろん、あきらかな異常が認められた場合はすみやかに受診します。近年、爬虫類を診られると宣伝している病院も増えていますが、ただ見るだけで、適切な診察や治療ができない病院も少なくありません。残念ながら、品種レベルのシンドロームを知らないような獣医師さえいます。爬虫類の診察は獣医師にとっても特殊なもののようで、犬猫に比べて特別な知識と経験が必要になります。専門ショップや飼育仲間から情報を集めて、かかりつけの病院を選ぶと良いでしょう。

ていねいに飼育されている長寿個体

Ｑ よく見られる病気や異常を
教えてください

Question

Answer

　本書で紹介する病気はあくまで一例であり、対処方法も簡易なものです。より詳しく知りたい人は『ヒョウモントカゲモドキの健康と病気』を参考にし、書籍だけに頼らず場合によっては獣医師の診察を受けることも忘れないでください。近年、SNSやウェブサイトなどを通して専門家でもないような個人の意見を参考にして、間違った対処をする飼育者が散見さ

れます。専門ショップやブリーダー・獣医師など責任を持って対応してくれるところに相談しましょう。

　主に見られる症状としては「脱皮不全」「吐き戻し」「拒食」「下痢」「異常に痩せる」「クロアカルサックが腫れる」「さまざまな目の異常」「体型の歪み」「尾を切った」「誤飲や誤食」「関節の腫れ」などが挙げられます。P.100〜107でそれぞれ紹介します。

外傷や病気の際の経過観察用レイアウト（一例）。シェルターや床材は世話のたびに全て交換します

脱皮片が残っているが
どうしたら良いの？

Question

Answer

白い皮の破片（脱皮片）が残っている状態は、いわゆる脱皮不全です。指先や瞼・鼻先などに見られるケースが多いです。飼育編 P.74「いつでも触ってかまわないの？　温浴は必要？」に示した手法で脱皮片を優しく取り除きましょう。ピンセットがあると便利です。乱暴に扱うと自切の原因にもなるため注意してください。フードや仮面を被ったかのようなコミカルな姿になることもありますが、これは飼育者の管理不足による脱皮不全です。かわいいなどと喜ぶのではなく、飼育環境の見直しを行ってください。

脱皮片が残った状態

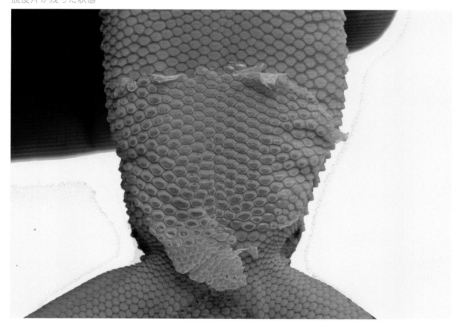

トカゲモドキのなかまなど

飼育編

繁殖編

健康管理編

品種編

品種紹介

世のトカゲモドキの仲間

吐き戻しや拒食・下痢を してしまった

Question

Answer

著しい高温や食べすぎ・餌が大きすぎる・輸送のストレス・傷んだ餌を食べた場合などに吐き戻しが起こります。数日は餌を与えずに観察し、餌の量や温度などの飼育環境を見直します。頻繁に起こったり、糞や体重にも異常がある場合、長期の拒食に陥った場合などは獣医師に相談しましょう。

拒食をしてしまった場合は、飼育編 P.70「餌を食べないけど、どうすればいい？」を参照ください。

下痢を起こす原因はさまざまで、消化器の炎症・寄生虫や感染症・温度不足・中毒・ストレスなどが挙げられます。下痢までいかないものの、初めて軟らかい人工飼料を食べた個体では、著しく軟らかい便を排出することもあります。飼育環境や温度に思い当たる節があるなら、改善して様子を見ます。また、後述するクリプトスポリジウム症予防の観点から、下痢などの症状が出た個体の飼育器具は他の個体とは違うものを使用し、世話の前後に手をよく洗います。下痢が続くような場合や、その他に異常が見られる場合は、獣医師に相談しましょう。

調子を崩した際は、練り餌やふやかした配合飼料のような消化の良いものを舐めさせても良いです

クリプトって何？

Question

Answer

下痢や異常に痩せるなどの症状が出た場合に挙がる病名として、クリプトスポリジウム症が知られています。これはクリプトスポリジウムと呼ばれる原虫による病気で、飼育者の間では略してクリプトとも呼ばれます。クリプトスポリジウムに感染した個体は、下痢・未消化便・吐き戻しなどの症状に加え、尾が異常に痩せ細り、骨と皮のような状態になります。感染していてもわかりやすい症状が出ず、温度の低下や産卵による体力の消耗などの状態変化で突然症状が出る場合があります。感染していてもこのような症状が出ておらず、一見健康に見える個体をキャリアと呼びます。クリプトスポリジウム症は感染している個体の糞などを通して他の個体に感染しますが、この原虫は人間の肉眼では見えません。感染が明瞭な個体であれば、他の飼育個体とは隔離し、飼育に関する器具や餌を共有しない・こまめに手洗いをするなどの対策が取れますが、キャリアの個体を飼育していたとしたら、気がつかないまま感染拡大をしているといったケースもあります。

残念ながら、クリプトスポリジウムには確実に駆除ができる効果的な薬がなく、完治という証明も難しいです。ブリーダーであればクリプトスポリジウム症の個体が出た場合、廃業せざるを得ないでしょう。飼育者にできる最善の対策は持ち込まないことです。個体を迎える際は、その個体だけでなく、販売先で扱っている他の個体の健康状態や、販売生体の衛生状態についてもチェックしておきましょう。

写真提供●岡山理科大学獣医学部 黒木俊郎（2点とも）

クリプトスポリジウム症の
ヒョウモントカゲモドキ

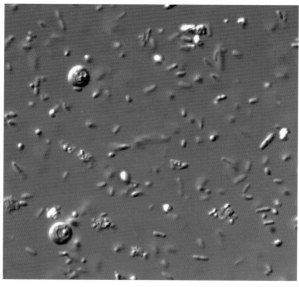

微分干渉顕微鏡写真。丸く映っているのがクリプトスポリジウムのオーシストキ

クロアカルサックが
膨れている場合は？

Question

Answer

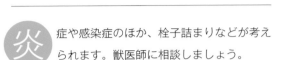症や感染症のほか、栓子詰まりなどが考えられます。獣医師に相談しましょう。

栓子詰まりは、通常は排出される栓子がクロアカルサックに溜まり、塊状になって自力で排出できなくなります。小さなものであれば白いものがクロアカルサックからはみ出しており、引っ張れば取り出せることもあります。大きなものになるとクロアカルサックが膨れて硬くなり、簡単には取り出せなく

なります。ある程度慣れていれば、脱皮片を取る時の要領（飼育編 P.74「いつでも触ってかまわないの？ 温浴は必要？」参照）で栓子をふやかし、クロアカルサックを圧迫することで排出させることもできます。ただし、無理をして力加減を間違えると自切や骨にダメージを与えるほか、炎症などを伴っている場合もあるため、獣医師に相談したほうが無難でしょう。

栓子詰まりと取り除いた栓子

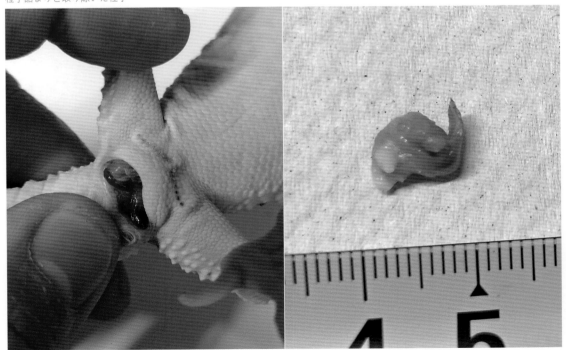

眼や尾の形状・
骨に異常がある時は？

Question

Answer

外　傷や細菌感染・ビタミンＡの不足などによって、眼の濁りや炎症・腫れなどが生じます。抗生物質の処方などが必要となる場合もあるため、獣医師に相談しましょう。

　尾のヨレについて。まず先天性の尾先のヨレや代謝性骨疾患（人間でいうクル病）で変形した尾の骨は、基本的に正常にはなりません。ただし、先天性の尾先のヨレは成長と共に尾が太くなれば、軽微なものであれば目立たなくなります。先天性の尾先のヨレは健康に大きな支障もないため、飼育で問題となることはないでしょう。

　骨が歪んでいたり変形している場合は、先天性の

奇形や骨折・代謝性骨疾患（人間でいうクル病）などが原因として挙げられます。先天性の奇形や代謝性骨疾患による変形は、基本的に正常に戻ることはありません。足に変形が生じた個体は、這うように歩行したり、変形した足を軸に回るように歩いたりします。個体選びの際にはそのような様子がないか注意します。

　代謝性骨疾患の予防としては、給餌の際のダスティングなどを徹底します。しかしながら、内臓の障害などが原因の場合もあるため、正常な飼育下で生じた場合は獣医師に相談しましょう。

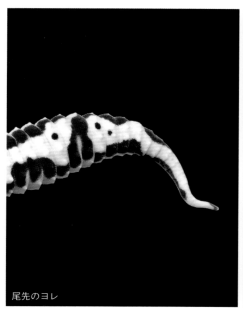

尾先のヨレ

骨が歪んでいる個体

ヒョウモントカゲモドキとは

飼育篇

繁殖篇

健康管理篇

品種篇

品種紹介

他のトカゲモドキの仲間

自切をした場合は？

Question

Answer

　自切（じせつ）をした場合、傷口の縫合や薬を塗るなどの処置をせずとも再生します。出血もあまりなく、時間の経過と共に再生尾に置き換わります。切れた尾はしばらくの間びちびちと動きますが、縫合もできません。自切した断面に床材などが付着すると不潔なので、傷口が塞がるまでは床材をキッチンペーパーなどにしておきます。この際、乾燥には注意してください。

　筆者の経験上、自切をした個体は餌食いが異常に良くなります。栄養の貯蔵庫を失った状態なので、彼らも新しい尾を生やすために必死なのかもしれません。通常時より餌の量や頻度を気持ち程度増やしても良いでしょう。

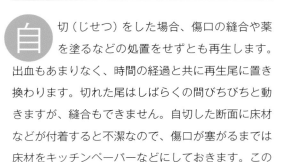

切れた尾。しばらく動きます

左の個体の3カ月後。すっかり再生しています。再生した尾の模様は元に戻りません

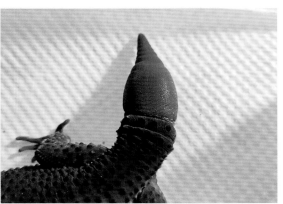

ブラックナイトの再生尾。一様に黒いです

写真提供◉ STAY REAL GECKO（2点とも）

腹部に不自然な
膨らみがある場合は？

Question

Answer

誤 飲や腹壁ヘルニア・腹水が溜まっているなどさまざまな問題が考えられます。獣医師に相談しましょう。

　腹部の両脇に楕円形の白いものが透けるように見られる場合は、抱卵の可能性もあります。正常に産卵に至れば良いのですが、卵が大きくなって腹部がどんどん膨らんでいるのに産卵に至らず、尾が痩せていき、次第に餌食いも落ちていくといった場合、

卵詰まりが考えられます。

　卵胞（卵の元）が何らかの理由で卵にもならず吸収もされない場合も腹部が大きくなり、卵詰まり同様の症状を示すことがあります。これは卵胞うっ滞と呼ばれ、卵詰まりより判断が難しいです。卵胞うっ滞と卵詰まりはどちらも死に繋がる病気のため、早めに獣医師に相談しましょう。

抱卵したメスの腹部

総排出口からヘミペニスが出たまま になっている・関節が腫れている

Question

ヒョウモントカゲモドキとは

飼育編

繁殖編

健康管理編

品種編

品種紹介

他のトカゲモドキの仲間

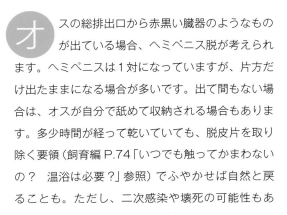

Answer

オスの総排出口から赤黒い臓器のようなもの が出ている場合、ヘミペニス脱が考えられ ます。ヘミペニスは1対になっていますが、片方だ け出たままになる場合が多いです。出て間もない場 合は、オスが自分で舐めて収納される場合もありま す。多少時間が経って乾いていても、脱皮片を取り 除く要領（飼育編 P.74「いつでも触ってかまわない の？　温浴は必要？」参照）でふやかせば自然と戻 ることも。ただし、二次感染や壊死の可能性もあ

るため、戻らないようなら早めに獣医師に相談しま しょう。

ヘミペニス脱はひどい場合、切断に至ることもあ ります。ただし、成功率が下がる可能性があるもの の片方が残っていれば交尾は可能です。

関節が腫れていて、中に白い塊のようなものが見 える場合、痛風が疑われます。光に透かすと、指に 白い塊のようなものが見える場合もあります。診断 や治療については獣医師に相談しましょう。

ヘミペニス

病院への連れて行きかたは？

Question

Answer

基本的には飼育編 P.33「どうやって連れて帰ればいい？」P.34「パッキングはどうやるの？」を参考にして、飼育個体を容器に入れて移動します。振動などが原因で吐き戻しをする場合があるため、通院の当日はもちろん2，3日前には餌を与えずにおきます。小動物やエキゾチックアニマルを診察できると HP などに記載があっても、ヒョ

ウモントカゲモドキを診ることのできない病院もあるため事前に確認を取っておきます。

　場合によっては糞などを持っていくと話が早いこともあるため、必要があるかも聞けるようであれば確認しておきます。また、獣医師の知識や技量にも差があります。日頃から飼育仲間やショップから情報を集めておきましょう。

品種はどのように
区分されるの？

モルフって何？

健康面に影響を及ぼす
品種はあるの？

品種の確率計算は
難しいの？

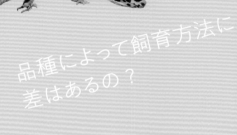

品種によって飼育方法に
差はあるの？

ライン名は自由に
付けてかまわないの？

品種編

About Morph 05

アルビノは
虚弱なの？

パラドックスって
遺伝しないの？

ヒョウモントカゲモドキにはたくさんの品種があり、一躍人気者になっ
た理由の1つでもあります。品種によって色や特徴が表れる部位はもち
ろん、遺伝形態も違います。なお、健康面に課題を抱えた品種もあるため、
個体選びに際しても最低限の知識を持っておくと良いでしょう。

アウトブリードは
必要？

品種ごとの健康面の
症状は治るの？

画像だけで
品種がわかる？

ブリーダーになるには
どうすればいい？

新しい品種は
作れるの？

見ための似た品種を
掛け合わせていいの？

殖えすぎてしまった

モルフって何？

Question

Answer

モルフ（Morph）とは爬虫類や両生類の品種改良においてよく耳にする用語で、初めての人にとっては聞き慣れない言葉でしょう。ざっくりと言うならば、品種や流通名を指す場合が多いです。ですが、モルフの定義は曖昧で、爬虫類・両生類の中においても、種類ごとに使われかたが異な

ることさえあります。

たとえば、ボールパイソンなどの品種では、劣性遺伝や優性遺伝などといった単一の遺伝子による変異（単一モルフ）が主に「モルフ」と呼ばれます。これはボールパイソンにおいて単一モルフが非常に多いことも関係していると思われます。一方、クレス

ヒョウモントカゲモドキには
さまざまなモルフが知られて
います

テッドゲッコーなどでは遺伝形態ではなく、単に外見の色や模様の特徴について「モルフ」とすることが多いです。

　ヒョウモントカゲモドキにおいてのモルフは単一の遺伝子による変異だけではなく、後述するポリジェネティック（多因子性遺伝）のものについてもポリジェネティックモルフと呼ぶことが少なくありません。これはヒョウモントカゲモドキにおいて単一の遺伝子による変異がさほど多くなく、むしろポリジェネティックモルフが多いことや、ポリジェネティックモルフにもある程度の安定した再現性が認められることが関係していると考えられます。このため、ヒョウモントカゲモドキの品種改良が始まった頃は、国内外問わずそれら全般を「モルフ」と呼ぶ傾向がありました。

　しかしながら、ヒョウモントカゲモドキにおいても単一の遺伝子による変異が増えつつあり、ボールパイソンのように単一の遺伝子による変異だけを指して「モルフ」とする傾向もあります。今後はこのような用語の使いかたが主流となるかもしれません。これを踏まえて理解して頂きたいのは、単純にどの用語の使いかたが合っている、または間違っているといったことではないということです。用語の使われかたがブリーダーの考えや時代・状況などによって変化することは珍しくなく、まずは品種ごとの遺伝法則や特徴といった本質的な特性を把握しておくことが大切でしょう。

多数のモルフが知られるヤドクガエル。
地域個体群を指すことも多いです

ボールパイソンのモルフの1つ、モハベ

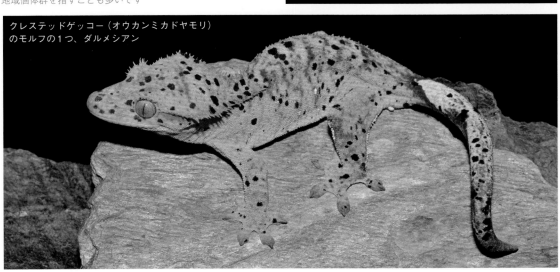

クレステッドゲッコー（オウカンミカドヤモリ）のモルフの1つ、ダルメシアン

品種はどのように区分されるの？

Question

 ョウモントカゲモドキの品種は遺伝形態などによって区分されています。

ベースモルフ

base morph

ベースモルフ（基本モルフ）とは、遺伝の法則がある程度明確に説明できる顕性遺伝（優性遺伝）・共顕性遺伝（共優性遺伝）・潜性遺伝（劣性遺伝）をするモルフのことです。これらの遺伝は、生き物の形質が両親から受け継いだ1対の遺伝子に左右されると仮定し、その組み合わせによって説明することができます。

それぞれの遺伝形態について「パネットスクエア」と呼ばれる表を用いて紹介します。パネットスクエアでは、一般的に顕性遺伝の遺伝子はアルファベット大文字、潜性遺伝の遺伝子はアルファベット小文字で表記されます。なお、同じ遺伝子が対になったものをホモ、片方のみ持つものをヘテロと呼びます。この用語は特に潜性遺伝で使用されます。

顕性遺伝

Dominant

顕性遺伝モルフをノーマルと掛け合わせた場合、50％以上の確率で次世代にそのモルフが生まれます。ホモとヘテロで特徴が現れますが、基本的に外観に差はなく見分けられません。

例：エニグマ・ホワイト＆イエロー・GEMスノーなど

■ GEMスノー（GN）をノーマル（NN）と掛け合わせた場合

		GEMスノー親（GN）	
		G	N
ノーマル親（NN）	N	GN	NN
	N	GN	NN

50％の確率でGEMスノーが生まれます。

エニグマ

ホワイト＆イエロー

GEM スノー

共顕性遺伝

Co-dominant

（不完全顕性 **Incomplete Dominant**）

　共顕性遺伝モルフの遺伝子をSとした場合、SN（ヘテロ）で特徴が現れ、SS（ホモ）ではさらに外見が変化します。SSの状態はスーパー体と呼ばれ、ノーマルと掛け合わせた場合、100%の確率で子孫はSNの状態になり、特徴が表れます。また、SNの個体をノーマルと掛け合わせても、50%の確率で次世代がSNの状態となり、特徴が表れます。なお、遺伝学や観賞魚の品種改良の分野において不完全顕性（不完全優性）が知られています。厳密に言えば異なるものの、爬虫類の分野においての共顕性遺伝は不完全顕性とほぼ同義の用語として使用されます。

例：マックスノー・レモンフロスト

■スーパーマックスノー（SS）をノーマル（NN）と掛け合わせた場合

		スーパーマックスノー親 (SS)	
		S	S
ノーマル親 (NN)	N	SN	SN
	N	SN	SN

F1個体は全てマックスノー（SN）になります。

■マックスノー（SN）をノーマル（NN）と掛け合わせた場合

		マックスノー親 (SN)	
		S	N
ノーマル親 (NN)	N	SN	NN
	N	SN	NN

ノーマルが50%、マックスノーが50%の確率で生まれます。

レモンフロスト　　　　　　　　　スーパーマックスノー

マックスノー

潜性遺伝

Recessive

潜性遺伝モルフの遺伝子を a とした場合、aa（ホモ）の場合のみ特徴が表れます。Na（ヘテロ）では基本的に特徴を有しません。ヒョウモントカゲモドキにおいて、ヘテロ〜の表記は一般的に潜性遺伝のヘテロを指します。

例：アルビノ・エクリプス・ブリザードなど

■アルビノ（aa）をノーマル（NN）と掛け合わせた場合

		アルビノ親（aa）	
		a	a
ノーマル親（NN）	N	Na	Na
	N	Na	Na

親から F1 を採った場合、子は全てヘテロ（Na）となります。

• F1 同士から F2 を採った場合

F1 同士から F2 を採った場合、25％の確率でホモ（aa）が生まれます。なお、ノーマルとヘテロの見分けはつきませんが、この場合では得られたノーマル表現型の個体のうち2/3がヘテロということになります。このため、得られたノーマル表現型の個体は66％ポッシブルヘテロアルビノ（66％の確率でヘテロアルビノの可能性がある）と表記されたり、単にポッシブルヘテロアルビノ（ヘテロアルビノの可能性がある）とされたりします。なお、ポッシブルヘテロは ph と略されることもあります。

■F1 同士から F2 を採った場合

		ヘテロアルビノ（Na）	
		N	a
ヘテロアルビノ（Na）	N	NN	Na
	a	Na	aa

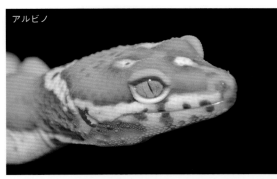
アルビノ

ブリザード

エクリプス

ポリジェネティックモルフ
Polygenetic morphs

　色や模様など、個体の外見の形質を指し「表現型」と呼びます。ベースモルフが影響して得られる形質は単一の遺伝子によるものですが、これに対して複数の遺伝子が複雑に関係して表現型に影響を及ぼす遺伝をポリジェネティック（多因子性遺伝）と呼び、その形質をポリジェネティック形質（量的形質）と呼びます。ざっくり言えば「子は親に似る」といった遺伝をするため、選別交配や系統繁殖によって特徴を顕著にしたり、世代を継いだ際の再現性を高めたりすることができます。こうして品種と呼べるまでに再現性を高めたものをポリジェネティックモルフと呼びます。

　なお、個体レベルで見られるポリジェネティック形質の名称と、ポリジェネティックモルフと呼べるまで洗練されたものの呼び名は基本的に変わらず、個体や名称を見ただけではどちらなのかわかりにくいことがあります。タンジェリンでたとえると、ランダムで出たポリジェネティック形質の赤色を指してタンジェリンと呼ばれますが、セレクトブリードで遺伝性や特徴を高めたポリジェネティックモルフも広くはタンジェリンと呼ばれます。

系統名

　ポリジェネティックモルフの多くには「系統名（ライン名）」が付けられています。これは作出者が系統を識別するためや商品名として名付けるもので、たとえばタンジェリンの表現型の個体を系統繁殖した場合、作出者によって「ブラッド」や「アトミック」などの系統名が付けられています。このため、系統名を冠する個体に異なる系統を混ぜて、その特徴を受け継ぐ個体を作出した場合は、本来であればその名を冠するべきではありません。

　例として、カーボンの系統とブラックナイトの系統を交配して得られた個体は、メラニスティックと呼ばれるポリジェネティックモルフであり、カーボンブラックナイトといった名前では呼ばれません。また、ベースモルフとポリジェネティックモルフを組み合わせた際も同様で、ブラッドの系統とエクリプスを組み合わせた場合は、ブラッドエクリプスではなくタンジェリンエクリプスが適当です。何世代にも渡って系統繁殖を行い、目標とした表現型が安定したならば、自身で系統名を付けるのも良いでしょう。

　しかし、名称の定義は流動的に変化しがちです。たとえば、JMG Reptile 社の作出したサングロー

タンジェリン

は、元々は系統名を指す名称でしたが、近年では1つの表現型の名称として使用されることが多いです。こういった定義の認識が変わる理由には、その系統があまりに広く流通したことや、使用した系統名を冠した個体が多く流通したことなどが挙げられます。たとえば「ブラックナイト〜」「バンディット〜」「エメリン〜」など。これはその系統の特徴が表れていることや、その系統を組み込んだことを証明するための名称。名称の付けかたはブリーダーや

ショップの考えかた1つであるため、オリジナルの系統ではなくとも、このような名称は一般的に利用されます。また、その系統が交わっているといった意味で、「〜クロス」と情報を添える場合もあります。名称の付けかたに絶対的な決まりはありませんが、繁殖を考える際はその名称がどのようなものを指すのかを正しく理解し、しっかりと出自やその名の理由を説明できることが理想です。

ブラッド

アトミック

サングロー

バンディットピンストライプ

エメリンレーダー

マンダリンクロスバンディット

コンボモルフ

Combo morphs

　コンボモルフ（複合モルフ）とは、複数のモルフを組み合わせたもので、単にベースモルフを組み合わせたコンボモルフ、ポリジェネティックモルフを含むポリジェネティックコンボモルフ、さらに系統繁殖を行い作出されたラインブレッドコンボモルフを含みます。

　ベースモルフを組み合わせたコンボモルフの多くは、初期に作出したブリーダーによって独自の名前が付けられていることが多いです。たとえば、ベルアルビノエクリプスはレーダーと呼ばれます。

レーダー（ベルアルビノエクリプス）

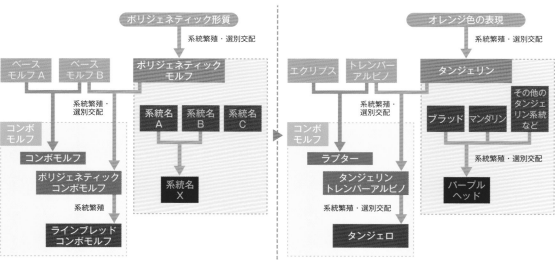

（左）この図は品種の区分を簡略化したものです。ただし、全て品種がこの限りではなく、複数の作出工程や区分が複雑に混ざったものなども珍しくありません。品種の作出はそう簡単なものではありません。
（右）左の図にざっくりと品種名をあてはめたものです。

ワイルドタイプ

ワイルドタイプ（野生型）とは、派手な色や変異を目的として品種改良されたものというよりは、ヒョウモントカゲモドキ本来の姿を残したもののことです。いくつかタイプがあり、現在流通するものの多くはタイプ別に亜種の名称が付けられています。しかしながら、ヒョウモントカゲモドキの亜種分類は曖昧な点が多いため、これらも亜種の名を冠する1つのタイプとして考えたほうが良いでしょう。なお、どのタイプも基本的に幼体時はクリーム色の地色に黒いバンドが並び、成長と共にヒョウモン（豹紋）の名の由来である黒いスポットが出現します。

昨今、原産国の政情不安定などにより、ヒョウモントカゲモドキの野生採取個体はほぼ流通していません。現在流通するヒョウモントカゲモドキは品種改良されたものが一般的です。このため、野生採取個体が流通していた当初、野生型は「ノーマル」として扱われていましたが、現在では「古くから維持されてきた野生個体同士からの子」ということ自体が価値として広く認められており、「ノーマル」ではなく「ワイルドタイプ」として流通しています。その他、ワイルドブラッドラインやピュアブラッド・ワイルドストレインなどと呼ばれることもあります。

なお、ワイルドタイプは他の品種の遺伝子を持たないため、純粋なヘテロ個体を得る際や、遺伝の検証においても利用されます。現在流通するいわゆるノーマルやハイイエローは、概ね何らかの品種の遺伝子を持っており、遺伝の検証には適しません。遺伝検証の際に他の品種の遺伝子を持たないことを優先し、異なるワイルドタイプを混ぜたものなども流通しています。

ワイルドタイプ

ワイルド

品種の確率計算は
難しいの？

Question

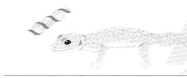

Answer

 ースモルフ同士の交配の際、「AとBを掛け合わせると何％でABが生まれるのか？」といったことはある程度計算で求められます。ただし、関わるモルフが多くなればなるほど難解な計算となります。近年ではこの計算を瞬時にこなしてくれるウェブサイトやスマートフォンアプリも存在しているので、必要に応じて利用しても良いでしょう。

しかしながら、この確率論はヘテロなどの管理が完璧なことを前提としていますが、実際のところヘテロ管理が完璧な流通個体はそう多くなく、繁殖し

たら予想していないものが生まれたなんてことはしばしば。また、あくまでも「何％の確率で」なので、運が悪ければいくら確率が高くても生まれないし、運が良ければ確率が低くても生まれます。遺伝形態も確率も流通の実際も知ったうえで、「こんな驚きがあった」「今年は狙いどおりだった」など肩肘張らずに楽しむことが、ブリードを続けていく秘訣かもしれません。なお、簡単な計算であればP.112で紹介したパネットスクエアで求められます。定番の確率は下図を参照してください。

【潜性遺伝 A のヘテロ同士の交配】

子	確率(%)
潜性遺伝 A ホモ	25
潜性遺伝 A ヘテロ	50
ノーマル	25

【潜性遺伝 A のヘテロとノーマルの交配】

子	確率(%)
潜性遺伝 A ヘテロ	50
ノーマル	50

【潜性遺伝 A のホモとノーマルの交配】

子	確率(%)
潜性遺伝 A ヘテロ	100

【共顕性遺伝 A ヘテロ同士の場合】

子	確率(%)
共顕性遺伝 A スーパー体	25
共顕性遺伝 A ヘテロ	50
ノーマル	25

【共顕性遺伝 A ヘテロとノーマルの交配】

子	確率(%)
共顕性遺伝 A ヘテロ	50
ノーマル	50

【共顕性遺伝 A スーパー体とノーマルの交配】

子	確率(%)
共顕性遺伝 A ヘテロ	100

【顕性遺伝 A 同士の場合】

子	確率(%)
顕性遺伝 A ホモ	25
顕性遺伝 A ヘテロ	50
ノーマル	25

【潜性遺伝 A と B のダブルヘテロ同士の交配】

子	確率(%)
潜性遺伝 A,B ホモ	6.3
潜性遺伝 A ホモ顕性遺伝 B ヘテロ	12.5
潜性遺伝 A ホモ	6.3
潜性遺伝 B ホモ顕性遺伝 A ヘテロ	12.5
顕性遺伝 A、B のダブルヘテロ	25
潜性遺伝 A ヘテロ	12.5
潜性遺伝 B ホモ	6.3
顕性遺伝 B ヘテロ	12.5
ノーマル	6.3

ライン名は
自由に付けてかまわないの？

Question

Answer

ヒョウモントカゲモドキのライン名付けにおいて厳密なルールはありませんが、販売などを目指した場合、たいして再現性も高くないのに名前ばかり推すのは誠実とは言えないでしょう。たとえば、たまたま1匹特徴的な色をした個体を得たとして、その個体を例にとってたいそうなライン名を語っても、その子供にその色が出ないのであれば、それはその個体単体での名前にすぎません。何世代も重ね、一定の再現性や特徴があって初めてライン名に意味があります。

そうしたものを作る最中の過程を「〇〇プロジェクト」とするブリーダーもいます。

クラウンGプロジェクト
レインボーストライプ

品種によって
飼育方法に差はあるの？

Question

Answer

部の品種では外見だけでなく、行動や視力などにも影響が出るため、状態に応じて飼育方法を変える必要があります。特にエニグマやホワイト＆イエローはシンドロームと呼ばれる神経症状や虚弱体質で知られており、重篤な個体では活き餌を自力で捕れないこともあるため、ピンセットでの給餌が必須となります。スーパーマックスノーやエクリプスのような眼に関わる品種では弱視の個体もおり、ノワールデジールブラックアイの

アダルトの多くはそもそも視力がありません。いずれも、飼育個体の状態を見ながらピンセットで給餌します。

アルビノ系の品種は光に敏感な個体がいるため、シェルターが欠かせません。また、アルビノ系と先述したような眼に関わる品種、エニグマやホワイト＆イエローのコンボ品種では、それぞれの特徴が顕著になりがちなので、その個体に合わせた対応をしましょう。

エニグマ

ホワイト＆イエロー

アルビノ＋スーパースノー＋エクリプスのようなコンボでは特に光に敏感な個体が少なくないです

アルビノは虚弱なの？

Question

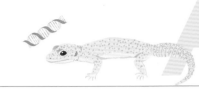

Answer

「ア ルビノ」といえば「虚弱」といったイメージを抱く人もいるでしょうが、ヒョウモントカゲモドキのアルビノ単体はノーマル同様に飼え、虚弱でない個体がほとんどです。眼に影響を与える品種とのコンボでは、明るい場所で目を開けない個体も少なくありませんが、多くが虚弱とまでは言えません。アル

ビノ単体であれば目を開ける個体も多いです。ホワイト＆イエローやエニグマと組み合わせた際に虚弱な個体も見られますが、これはアルビノ単体の影響というよりは、ホワイト＆イエローやエニグマの影響によるものです。

トレンパーアルビノ

ベルアルビノ

レインウォーターアルビノ

トレンパー・ベル・レインウォーターのいずれで飼育難易度が変わるほど弱くはありません

健康面に影響を及ぼす品種はあるの？

Question

Answer

先の P.122「品種によって飼育方法に差はあるの？」で紹介した品種は健康面に影響が出ているとも言えますが、簡単な給餌の補助で対応ができ、命に関わることはほぼありません。命に関わる品種としてはレモンフロストが挙げられます。レモンフロストは高い確率で悪性の腫瘍を発症します。これはレ

モンフロストの遺伝子自体に紐づいたものとされており、完全な抑制方法は知られておらず、重篤化した場合は腫瘍の破裂や、餌を食べることが困難になることもあります。また、スーパーレモンフロストでは奇形や目を開けられない個体も珍しくなく、短命に終わる個体も多いようです。

スノーレモンフロスト

ホワイト＆イエロー・エニグマ・レモンフロスト・ノワールデジールブラックアイは飼わない・殖やさないべき？

Question

現在の日本で、これらの繁殖について法律で罰せられた例はありません。しかしながら、これらの品種には国によっては繁殖を禁止されているものもあります。特に、エニグマ・レモンフロスト・ノワールデジールブラックアイの症状は品種の遺伝子そのものに紐づいており、切り離すことが困難とされています。つまり、これらの繁殖は意図して「健康」とは程遠い個体を生み出すことになりかねません。こういったこともあり、近年ではエニグマ・レモンフロスト・ノワールデジールブラックアイの繁殖は日本のみならず世界の多くで敬遠されています。

一方、ホワイト＆イエローの症状についてはセレクトブリードによる切り離しができるとされています。このため、先の3品種に比べると未来は明るいのではないかと考えられます。ブリーダーなどの販売者やそれを目指す人は、ぜひこのような問題について真摯に向き合い、購入希望者には説明などの責務を果たしてください。

これらの品種について、飼育そのものは悪いことではないでしょう。ただし、迎え入れや長く付き合っていくうえで正しい知識があることは重要です。今手元にいるこれらの品種を邪険に扱うのではなく、その特徴を理解しつつ大切に飼育してください。

ホワイト＆イエロー。一時はシンドロームがないとも言われていました

品種ごとの健康面の症状は
治るの？

Question

Answer

基本的に後天的に治ることはありません。ホワイト＆イエロー・エニグマ・レモンフロスト・ノワールデジールブラックアイにおいても同様です。エニグマは症状がなかった個体が繁殖や

環境変化によって発症することがありますが、近い症状のホワイト＆イエローでは後天的な発症はないとされています。

COLUMN

ヒョウモントカゲモドキは
他のトカゲモドキと交雑するの？

一部で交雑が確認されています。ヒョウモントカゲモドキと交雑できる可能性の高いものとしては、トカゲモドキ科に含まれるグループのうち、ヒョウモントカゲモドキが含まれるアジアトカゲモドキ属 *Eublepharis* が挙げられます。特にオバケトカゲモドキとの交雑はよく知られており、今では見かけませんが、以前はアメリカのブリーダーが作出していた時期もあります。この交雑個体では、純粋なヒョウモントカゲモドキよりも大型になるものがいるようです。

なお、ヒョウモントカゲモドキの品種である「ジャイアント」はDNAを調査した結果、純粋

なヒョウモントカゲモドキであることが証明されています。

また、トルクメニスタントカゲモドキでは来歴が明白なものが少なく、流通する個体の中にはヒョウモントカゲモドキとの交雑個体ではないかといったものも見られます。さらに、ヒョウモントカゲモドキの亜種では交雑はより容易で、純粋なものは少なく、外見での判断は非常に難しいであろうと思われます。珍しい例としてはハードウィッキートカゲモドキやダイオウトカゲモドキとの交雑も知られており、属が異なるニシアフリカトカゲモドキとの交雑もあるようです。

アウトブリードは必要？

選別交配や系統繁殖のような近親交配をインブリードと呼び、対してアウトブリードは異なった系統との交配を指します。インブリードを繰り返すと虚弱や奇形の個体が生まれやすくなるため、その改善を目的として行われます。馬や犬・レース鳩などでも同様の手法が知られています。ホビーとしての爬虫類ブリードにおいて、インブリードが原因と思われる何らかの障害が出た場合、その原因を「血が濃い」と表現することもあります。

ヒョウモントカゲモドキにおいて、厳密なインブリード・アウトブリードに関するルールはありません。本種はインブリードに対して非常に耐性のある爬虫類とされています。しかし、ブラックナイトのような作出に長期間に渡るインブリードがなされた系統では、矮小化や成長不良・繁殖能力の弱化・死籠り（幼体が孵化直前に殻を破れずに卵内で死亡すること）などが散見されます。

筆者の場合、インブリードの系統も持ったうえで、アウトブリードも行うべきと考えます。実際にブラックナイトを用いたアウトブリードでは、成長速度や体型が改善された例があり、色調もF3頃にはフルブラックが得られています。表現だけでなく健康面にも配慮したヒョウモントカゲモドキの作出には、アウトブリードも必要でしょう。このような取り組みをした場合、生まれた個体は「ブラックナイト」ではなく、「ブラックナイトクロス」や「メラニスティック」と表記し、誤解がないようにします。

なお、アウトブリードにおいてよく注目されるのはワイルドタイプです。これはベースモルフの混入がないといった点では良い候補です。しかし、ポリジェネティックモルフの場合、ワイルドタイプを組み込むと積み重ねた表現が非常に遠いところに戻ります。累代の期間などを考慮すると、現実的には血縁関係がないもしくは希薄な、ヘテロ情報のはっきりした近い表現の個体や系統を用いるのも1つの手です。

ブラックナイトとカーボンの交配個体

見ための似た品種を
掛け合わせていいの？

Question

Answer

れは飼育者の立ち位置によって異なります。ただ単に自身の飼育個体の子供が見たい場合は、後述するような点は大きな問題ではないかもしれません。しかし、販売を視野に入れてブリーダーとして繁殖したり、ショップに並ぶようなものであれば、後述する点は留意すべきです。これは、ホビーとして

の楽しみに品種改良が前提としてあり、品種によって商業価値の異なるヒョウモントカゲモドキを扱うブリーダーとしてのモラルの問題です。ブリーダーによって考えが異なるため、自分と合わないからといって攻撃的になるのではなく、立場が違うものとして認識しましょう。

トレンパーアルビノ

ベルアルビノ

まず、類似のベースモルフの交配は推奨しません。トレンパー・ベル・レインウォーターのアルビノ3品種、マーブルアイやエクリプス・サイファー・ノワールデジールブラックアイといった眼に関わる品種、マックスノー・TUGスノー・GEMスノーのスノー系3品種、ホワイト＆イエローとエニグマ、といった似たベースモルフを掛けた場合、後々に生まれてくる個体がどのベースモルフであるかを判別することは不可能です。これに加えて、ブリザードにエクリプスのような眼の品種を加えた場合も、個体を見ただけでは眼の変異がブリザード由来なのかエクリプス由来なのか判別がつきません。

レインウォーターアルビノ。異なるアルビノ同士を掛け合わせても1世代目でアルビノは生まれません

ホワイト＆イエロー

エニグマ

【交配が推奨されない例】

- トレンパー・ベル・レインウォーターの異なるアルビノ同士
- エクリプス・マーブルアイ・サイファー・ノワールデジールブラックの異なる眼の変異同士
- マックスノー・TUGスノー・GEMスノーの異なるスノー同士
- ホワイト＆イエローとエニグマ

レオパードゲッコーのすべて
飼育編
繁殖編
健康管理編
品種編
品種紹介
他のトカゲモドキの仲間

こういった似たベースモルフの組み合わせは、感覚的に「これっぽい」程度ならば言えることもありますが、それは誰が判定しても不確かなもので、ましてヘテロまではわかりません。含まれるベースモルフが不確かな場合、自分の望む品種を作ろうとして何年もかけて類代に取り組んだとしても、得られるものは「何かわからないもの」です。品種作りやブリードは「こだわりの世界」です。何年もかけてでき上がったものが「何かわからないもの」ではたまりません。こういった事態を防ぐためにも、ブリーダーはベースモルフの扱いには注意すべきです。

ポリジェネティックモルフであれば、ベースモルフに留意したうえで交配しても良いでしょう。ただし、違うライン名のものを掛けた場合、それはその名を冠するべきではありません。たとえば、タンジェリンにおいて、ブラッドとインフェルノの子は、そのどちらでもなく「タンジェリン」です。この場合、親情報としてタンジェリンとインフェルノの名前を出すに留めます。これはブリーダーとしてのモラルだけでなく、作出者に対するリスペクトの問題でもあります。

ヒョウモントカゲモドキにおいて、以上の考えは比較的最近になって普及しました。以前は異なるアルビノの掛け合わせを見かけることもありましたが、最近では最低限類似のベースモルフの交配をしていないブリーダーがほとんどです。ただし、その他のベースモルフのヘテロまで管理された個体は多くありません。安価に出回るものの多くはヘテロ表記がされておらず、しっかりと管理されたものは相応の価格になります。ヘテロの検証をしていない場合や不確かな場合、ブリーダーであればその旨をていねいに回答するべきでしょう。

なお、異なるアルビノ同士や異なるスノー同士を組み合わせたらどうなるのかという興味から掛け合わせることもあるでしょう。これもホビーの世界では気になる部分です。その場合、譲渡や販売の際はその事実を述べるのが最低限のモラルで、得られたものが何らかのモルフであっても「ペットとしてのヒョウモントカゲモドキ」として品種名を語らず流通させるべきでしょう。

ブラッドとインフェルノを掛け合わせたタンジェリン

ヒョウモントカゲモドキとは

飼育論

繁殖論

病気・飼育管理論

品種論

品種紹介

他のトカゲモドキの仲間

健康に問題が生じる
掛け合わせはあるの？

Question

Answer

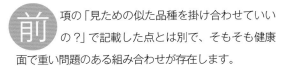項の「見ための似た品種を掛け合わせていいの？」で記載した点とは別で、そもそも健康面で重い問題のある組み合わせが存在します。

● エニグマ同士・ホワイト＆イエロー同士

エニグマ同士の組み合わせは致死とされ、確率では1/4の子供が孵化しない（死籠り）、もしくは孵化しても死亡するか成長不良・奇形などの問題が発生します。

近年、ホワイト＆イエローでも同様のことが言われており、ホワイト＆イエロー同士の交配も推奨できません。

● スーパーマックスノー同士

スーパーマックスノー同士の交配では虚弱な個体が生まれやすいとされています。筆者もスーパーマックスノー同士の交配は避けており、その他の品種を含むコンボでは特に注意したほうが良いでしょう。

● レモンフロストおよびスーパーレモンフロスト

レモンフロストおよびスーパーレモンフロストでは悪性の腫瘍が発生します。これはスーパーレモンフロストではより顕著で、腫瘍により呼吸ができない・目が開けられないなどの問題を抱え、多くは短命に終わります。レモンフロストを含む組み合わせはもちろん、スーパーレモンフロストが出現するレモンフロスト同士の組み合わせは推奨しません。

● スーパーマックスノーを含むレモンフロスト

スーパーマックスノーレモンフロストの中には、レモンフロストであることが外見で判別つきづらいものが存在します。このため、予期せぬレモンフロストを誕生・流通させる可能性があり、推奨できません。また、スーパーマックスノースーパーレモンフロストは致死の可能性があり、これを生み出す交配も非推奨です。

マックスノーレモンフロスト

飼育温度や湿度・加齢・照明で体色は変わるの？

Question

Answer

変わります。特に温度と湿度では、高温ではオレンジや黄色などの色が鮮やかに、低温では黒や茶色がより濃くなる傾向があります。卵の管理温度も同様の影響を及ぼすことが知られています。湿度の場合も、乾燥すると色が飛んだようになりがちですが、標準から多湿だと濃く鮮やかな色調になりがちです。アルビノでは、1度低温に晒すと白い部分が褐色になり、戻らないことが多いです。これは一般にブラウンアウトと呼ばれます。濃い赤のタンジェリンでも同様の現象が見られることもあります。もちろん、温度や湿度に影響を受けず、どのような環境でも黒い個体や赤い個体・ブラウンアウトしない個体もいます。そういった個体をセレクトしてブリードすることもおもしろいでしょう。なお、ヒョウモントカゲモドキの体色は温度や湿度の他に、年齢でも変わります。特に

タンジェリンなどでは顕著で、若い個体は鮮やかな発色を見せますが、加齢に伴いくすんだり白っぽくなったりする個体が少なくありません。

照明の影響としては「色の見えかたが変わる」と言ったほうが良いでしょう。体色そのものが変わるわけではありませんが、さまざまな動物で「見せかた」を変える手法として照明の色は用いられます。たとえば、観賞魚でのアジアアロワナや金魚などをより赤く見せる照明は、タンジェリンなどをありえないような鮮やかな色に見せることができます。しかし、体色そのものが変わっているわけではないので、白色や昼白色・昼光色と呼ばれる照明の下で同じ個体を見ると、本来の体色が確認できます。また、日中の太陽の光でも、自然な体色を確認することができます。もちろん、照明を暗くすれば黒い品種をより黒く見せることも可能です。

写真などを撮る場合、目的にもよりますが、できるだけ自然な体色で撮ると良いでしょう。

11才の
スーパーハイポタンジェリン

通常の白色下でのタンジェリン

赤色下でのタンジェリン

太陽光下でのタンジェリン

ストロボ発光で撮影した
タンジェリン。自然な体
色に写ります

ヒョウモントカゲモドキとは

飼育編

繁殖編

品種形成理論

品種編

品種紹介

他のトカゲモドキの仲間

画像だけで品種がわかる？

Question

Answer

わかりません。品種編 P.128 〜 130「見ための似た品種を掛け合わせていいの？」で触れたように、よく似た表現のベースモルフは存在します。あきらかな特徴のある品種でないかぎり、ヘテロや親の情報がないと、画像だけで品種を確定することはできません。できても推測レベルです。同様に、ポリジェネティックモルフのライン名も、判定は難しいです。「こういった表現型のライン」と言えど表現型には振れ幅があり、SNS や図鑑で取り上げられるような高レベルの個体がいる一方、そうでない個体もいます。

同じ血統のブラックナイト。表現に個体差が見られます

ハイイエローで購入した個体が
ハイイエローに見えない

Question

ヒョウモントカゲモドキとは

飼育編

繁殖編

種類紹介

品種編

品種紹介

他のトカゲモドキの仲間

Answer

ハイイエローは、本来は黄色を強めるセレクトをしたポリジェネティックモルフで、ヒョウモントカゲモドキの品種改良の歴史の中でも特に古いものです。故にその血は広く普及しており、狙って作らずとも黄色みの強いハイイエローと呼べる個体が生まれてくることは珍しくありません。そのため、厳密にはノーマル（ワイルドラインに近い表現）＝ハイイエロー（黄色の強い表現）ではないものの、現在ではハイイエロー＝ノーマルとして扱われることがあります。

こういった背景もあるせいか、1番安価なノーマルを指して、ハイイエローとして販売されているものの、実際には同じく古くから流通しているハイポやタンジェリンの表現を含んだ個体や、さほど黄色くない個体が混ざることも珍しくなくなっています。

本来の定義のハイイエロー

ハイイエローの名で流通する個体。ハイポやタンジェリンの表現が見られます

135

ベビーの時はノーマルだったのに
大きくなったらエクリプスアイになった？

Question

Answer

ヒョウモントカゲモドキのベビーは眼の色が暗く、成長すると比較的明るくなるため、エクリプスと判別がつきづらい場合があります。ノーマルやハイイエローとして買った個体が、大きくなってエクリプスアイと確認ができたなら、それはベビー時に

モルフの判定を間違っていたのかもしれません。もちろん、新しい品種の可能性も捨てきれませんが、検証するにはひととおりの眼に関するベースモルフと交配する必要があります。

成長と共に目の色
が明るくなる個体
が多い

パラドックスって
遺伝しないの？

Answer

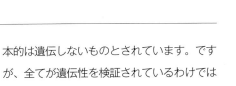

基本的は遺伝しないものとされています。ですが、全てが遺伝性を検証されているわけではないので、自身で挑戦するのもおもしろいでしょう。経験上、パラドックス（P.167参照）が出やすいラインというものもありますが、これは既出のベースモルフのようにあきらかな遺伝形態を説明できるようなレベルではありません。こういった場合、遺伝性を謳うのではなく、単にパラドックスとして流通することがほとんどです。

パラドックス

新しい品種は作れるの？

Question

Answer

きるかどうかで言えばできます。継続とセンスがあれば、ポリジェネティックモルフのオリジナルラインは作出できるでしょう。ただし、品種編 P.121「ライン名は自由に付けてかまわないの？」に記したような点に留意するべきです。

新しいベースモルフの作出は、難易度云々よりも運任せといったほうが良いでしょう。たとえば、自然下でのアルビノの出現率は何万分の1とも言われます。まず、飼育下でこういった確率のものが出現するかが第1関門です。次に、遺伝形態がはっきりしているか、成長・繁殖できるか、健康であるか、別のベースモルフのヘテロを持っていないか、などといった課題があります。多くの爬虫類では WC 由来のベースモルフが多々知られていますが、ヒョウモントカゲモドキの WC がほぼ流通しない現状では新品種は飼育下でしか望めません。こういった背景からも、ヒョウモントカゲモドキのベースモルフ作出はハードルが高いです。

ブラックアイ。日本生まれの新モルフになる可能性があります

殖えすぎてしまった

Question

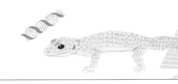

Answer

ヒョウモントカゲモドキの繁殖は簡単で、殖える数も決して少ないとは言えません。計画性を持って取り組みましょう。本来であれば、事前に譲渡先や引き取ってくれるショップを探しておくべきですが、生まれた後からでも諦めず引き取り先を探しま

しょう。同様に、飼育個体数が増えすぎた場合や、飼い主の体調などによって飼育が続けられない場合も、購入先や友人などに相談しましょう。なお、販売には自治体への登録と許可が必要です。認可を得ない場合、動物愛護管理法違反となり罰せられる場合があります。

COLUMN

交雑個体は作るべきではない？

ヘビでは属が異なる種同士での交雑も広く知られています。たとえば、ボールパイソンとウォマパイソンのような見ための全く違う種でも交雑が可能で、「ウォール」といった品種名で流通しています。ヒョウモントカゲモドキを含むトカゲモドキでも、属間のみならず、全く違う属との交雑個体が今後、多く発表されるかもしれません。ただし、一般にホビーとしての爬虫類飼育では交雑個体を作るべきではないとされています。そもそも、生物には異種同士で生殖ができない生殖的隔離といった仕組みがあります。人為的に交雑を行った場合、"雑種崩壊"（世代を重ねることで交雑個体が死滅すること）や"雑種不稔"（交雑個体で生殖能力を欠くこと、"雑種死滅"（交配したものの胚が育たず生まれないこと）などの生殖的隔離の仕組みが働く場合があります。爬虫類を飼育するうえ

で1つの大きな楽しみが繁殖です。交雑個体がはびこった結果、どんなに工夫したところで繁殖が成功しない、といった現象が起きかねません。

もし交雑個体の作出を行うのであれば、1世代目に留め、流通にはよりいっそうの配慮をするべきでしょう。また、爬虫類飼育において産地や血統が保証されたものは、そうでない個体に比べて商業的に特別な付加価値を得ます。こういった面からも、交雑個体はあまり歓迎されません。ただし、今飼育している交雑個体を「悪」としているわけではなく、終生飼育する分には何ら問題はありません。大切なのはその個体がどういったものであるのかを知っておくことです。

ウォール

どうやって情報を集めるの？

Question

Answer

筆者の場合、主に海外ウェブサイトやブリーダーとの交流で情報を集めています。Gecko Time（https://geckotime.com/）やSNSのコミュニティなどが便利です。SNSのコミュニティも基本的には海外ブリーダーが多く参加しているものをチェックしています。日本国内にも多くのウェブサイト・SNSがありますが、どうも古い・いい加減であてにならない情報が散見されます。ただし、ビギナーは情報の精査が難しいかと思うので、国内の書籍から始めて、本書籍巻末の参考ウェブサイトや参考書籍もチェックしてみてください。また、日本国内ではブリーダーズイベントが複数開催されているため、そういった場でブリーダーと情報交換するのも重要です。

COLUMN

産卵が止まる理由は？

　ヒョウモントカゲモドキの産卵は通常5クラッチ前後ですが、2〜3クラッチで止まる場合もあります。クラッチが止まる理由は以下のようなものがあります。また、止まったクラッチは基本的に再開しません。栄養状態や低温によるものは来シーズンに向けて調整しましょう。なお、スラッグ（無精卵や不完全な卵）については追い掛け（交尾を複数回行う）することで解消することがあります。

❶高齢

　ヒョウモントカゲモドキは10歳以上でも産卵しますが、高齢化に伴ってクラッチが少なくなることは珍しくありません。

❷栄養状態

　産卵期間中の餌の量が少ないとクラッチが少なく終わることも少なくありません。

❸低温

　産卵中のメスを24〜25℃くらいに長期間晒すとクラッチが止まることがあります。低温で止まったクラッチは温度を上げても基本的に再開しません。

ヒョウモントカゲモドキとは

飼育編

繁殖編

健康管理編

品種編

品種紹介

他のトカゲモドキの仲間

自然な交配ではなく、
人工的に新品種は作れるの？

Question

Answer

作ること自体は可能と思われます。すでに遺伝子編集技術を用いてブラウンアノールのアルビノが米国の大学で作成されています。ヒョウモントカゲモドキもブラウンアノール同様に、爬虫類の繁殖や発生などの研究材料としてメジャーな生物です。実験として、何らかの遺伝子編集を施した論文が発表される可能性は十分にあるでしょう。レモンフロストの腫瘍問題についても、遺伝子編集技術を用いれば解決できるのではないかといった論説もあります。

しかし、このような遺伝子編集技術を用いて作出された生物がペットルートに流通する可能性はほぼないと言えます。遺伝子編集を施された生物の流通には国際的なルールがあり、日本でも「遺伝子組換え生物等の使用等の規制による生物の多様性の確保に関する法律」（通称「カルタヘナ法」）として規制されています。近年でも、大学で研究用として遺伝子編集を施されたメダカが持ち出され、飼育・繁殖・販売した者がカルタヘナ法違反で逮捕されました。そもそも、ブラウンアノールのアルビノを生み出したような遺伝子編集技術には賛否の論争が絶えません。飼育のホビーの分野としては、興味関心の情報の1つとして知るような形になるでしょう。

レインウォーターアルビノは野生で捕獲されたアルビノが起源とされています

なぜヒョウモントカゲモドキ同士で金額に差があるの？

Question

Answer

2023年現在、ハイイエローが1万円以下で入手できる一方で、ディアブロブランコは3〜4万円など、ヒョウモントカゲモドキは品種ごとに価格の差があります。これにはさまざまな理由がありますが、ここでは大きな要因を3つ紹介します。

1つは含まれている品種の数です。ハイイエローを1つの品種とすれば、ディアブロブランコにはトレンパーアルビノ・エクリプス・ブリザードと少なくとも3つ、しかも潜性遺伝の品種が含まれています。潜性遺伝のコンボモルフは1度作出されれば量産もそう難しくないのですが、ゼロの状態から最初の1匹を作

るにはたいへんな労力がかかります。ラプターとブリザードを掛け、F1でhetトレンパーアルビノ・エクリプス・ブリザードのトリプルヘテロを得て、トリプルヘテロ同士でF2を得るとします。すると、ディアブロブランコが得られる確率はわずか1.6%で、非常に低いです。コンボはそれだけで作出が難しく、高価になりがちです。「1個体にたくさんの品種が入っててお得！」とも言えますが、それ以上に価値があるわけです。

2つめは量産の難しさです。先に挙げた潜性遺伝のコンボは最初の1匹ができれば、量産しやすくなりま

ディアブロブランコ。
ゼロから作出するのは困難を極めます

す。しかし、ポリジェネティックモルフ、たとえばメラニスティックなどは単純な遺伝をせず、作出には必ず時間を要します。さらに、同じ系統内で表現（一般に色や模様などのクオリティと呼ばれる）にもばらつきがあります。たとえば、ブラックナイトであれば、あまり黒くない個体と、真っ黒の個体では何倍にも価格が変わります。これに加えて、系統名が冠されたものであれば純血を維持する苦労もあります。ポリジェネティックモルフでは流通量の増加と価格の低下がゆるやかなものが多いです。とある画家が自身の絵に高額な値段を付け「高すぎる」と非難された際に、「この絵は一瞬で描いたのではなく、これまで積み重ねてきた時間と技術によって描いたもの。その成果に対してこの金額を付けた」と答えたそうです。ヒョウモントカゲモドキにおいても、ブリーダーが研鑽を積んで作出した個体に対して「高すぎる」などというのは無粋かも

しれません。

　3つめは新しいものであるか否かです。最新品種の最初の販売個体はうん百万といった金額が付くこともあります。もちろん、その品種にあきらかな特徴や遺伝性・魅力があるかなどが前提となります。その昔、ハイイエローくらいしか品種がなかった時代は、今では低クオリティと呼ばれかねないタンジェリンでもうん万円、うん十万円といった価格でした。では、量産されて安くなった頃が買い時かと言われれば、素直にイエスと答えられません。というのも、量産された頃にはクオリティのばらつきや、余計なベースモルフのヘテロ混入など弊害が生まれやすいからです。

　ヒョウモントカゲモドキの価格には「人気」や「クオリティ」「ブリーダーの想い」なども反映されます。単に「高い」「安い」ではなく、その背景も気にしてみると、より個体選びが楽しくなるでしょう。

ブラックナイト。2016年頃以降、比較的目にする機会が増えましたが、今なお高嶺の花

ブリーダーになるには
どうすればいい？

Question

Answer

リーダーの定義は曖昧です。単に「販売」ができるように登録するのであれば、環境省ウェブサイトの第一種動物取扱業者の規制などを確認し、要件を満たせるようなら管轄の自治体に相談します。しかし、実際のところ、ブリードをしたことがなくてもこの登録はできます（2023年8月現在）。筆者は、ブリーダーとはその生き物のことをしっかりと理解して、健康面などに留意し、責任を持った繁殖個体を販売できてこそ名乗れるものと考えます。家で飼っているグッピーやメダカ・ハムスターが少し殖えたからといってブリーダーを名乗る人はそうはいないでしょう。いかに飼育・繁殖が手軽なヒョウモントカゲモドキと言えど、数年は繁殖と繁殖個体の育成を経験すべきです。自身の目指すものと真摯に向き合い、検討してください。

ブリーダーの部屋

死んだ場合は
どうすればいい？

Question

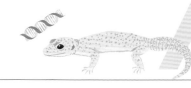

Answer

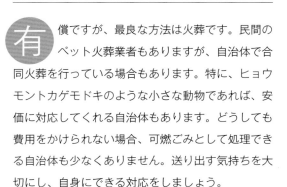

有償ですが、最良な方法は火葬です。民間のペット火葬業者もありますが、自治体で合同火葬を行っている場合もあります。特に、ヒョウモントカゲモドキのような小さな動物であれば、安価に対応してくれる自治体もあります。どうしても費用をかけられない場合、可燃ごみとして処理できる自治体も少なくありません。送り出す気持ちを大切にし、自身にできる対応をしましょう。

　やってはならないのは土に埋める・川に流すなどです。これは別の動物によって遺体が持ち運ばれたり、遺体から出た病原体によって土壌や水などの環境が汚染される可能性があるためです。P.8「飼育に許可は必要？」で述べたように、ヒョウモントカゲモドキが関わる感染症は在来種に影響を与える可能性も示唆されています。最後まで飼育者としての責任を持って対応してください。

品種紹介

Morphs 06

ヒョウモントカゲモドキには多数の品種が知られています。ここからはそれぞれの品種について紹介していきましょう。遺伝に関する詳細は品種編 P.112〜119「品種はどのように区分されるの？」を参考にしてください。さらに詳しく知りたい人は、『ヒョウモントカゲモドキ品種図鑑』（誠文堂新光社）を参照くだされば幸いです。

ベースモルフとポリジェネティック形質 / モルフ早見表

	品種名	遺伝形態	主に特徴が表れる部位
ベースモルフ	トレンパーアルビノ	潜性遺伝	体色、眼の色
	レインウォーターアルビノ	潜性遺伝	体色、眼の色
	ベルアルビノ	潜性遺伝	体色、眼の色
	マーフィーパターンレス	潜性遺伝	模様
	ブリザード	潜性遺伝	模様と眼
	ジャイアント／スーパージャイアント	潜性遺伝？	体型
	エクリプス	潜性遺伝	眼と体色
	マーブルアイ	潜性遺伝	眼
	ノワールデジールブラックアイ	潜性遺伝	眼と体色
	サイファー	潜性遺伝	眼と体色、模様
	ブルーアンバーアイ	潜性遺伝	眼
	スケールレス	潜性遺伝？	鱗？
	エニグマ	顕性遺伝	模様と体色、眼　シンドローム有
	ホワイト＆イエロー	顕性遺伝	模様と体色　シンドローム有
	GEM スノー／ TUG スノー	顕性遺伝	体色
	ゴースト	顕性遺伝	体色、模様
	マックスノー／スーパーマックスノー	共顕性遺伝	体色 / 体色、模様、眼
	レモンフロスト／スーパーレモンフロスト	共顕性遺伝	体色、眼　シンドローム有
ポリジェネティックモルフ　ポリジェネティック形質	ハイイエロー	ポリジェネティック	体色
	ハイポメラニスティック / スーパーハイポメラニスティック	ポリジェネティック	体色、模様
	ハイポタンジェリン / スーパーハイポタンジェリン	ポリジェネティック	体色、模様
	タンジェリン	ポリジェネティック	体色
	エメラルド / エメリン	ポリジェネティック	体色、模様
	ジャングル	ポリジェネティック	模様
	ストライプ	ポリジェネティック	模様
	リバースストライプ	ポリジェネティック	模様
	レッドストライプ	ポリジェネティック	体色、模様
	ボールド	ポリジェネティック	模様
	メラニスティック	ポリジェネティック	体色
	ラインブレッドスノー	ポリジェネティック	体色
	ラベンダー	ポリジェネティック	体色
	ストーンウォッシュ	ポリジェネティック	体色、模様
	パイド	ポリジェネティック	体色、模様
	ハイスペックルド / グラナイト / ダイオライト	ポリジェネティック	模様
	ホワイトサイド	ポリジェネティック	体色、模様
	パステル	ポリジェネティック	体色

ベースモルフ

base morph

アルビノ
Albino

潜性遺伝

　ヒョウモントカゲモドキのアルビノは、トレンパーアルビノ・レインウォーターアルビノ・ベルアルビノの3つが知られています。これらには互換性がなく、異なるアルビノを掛け合わせても第1世代目の子孫でアルビノは得られません。いずれも体や眼の色に影響を及ぼし、ノーマルでは黒い部分が褐色やラベンダー色に、眼は赤紫やワインレッドを呈します。3つのアルビノにはそれぞれ異なった特徴があり、他の品種と組み合わせることにより、より顕著な違いを生みます。飼育に関しては、光に敏感な個体も見られ、明るい環境では目を開けないこともしばしばです。このため、シェルターの設置やピンセットでの給餌など、個体に合わせた配慮をしたほうが良いでしょう。

トレンパーアルビノ
Tremper Albino

トレンパーアルビノ

　トレンパーアルビノは3つのアルビノのうち、1番最初に流通したアルビノです。単に「アルビノ」と表記されている場合はトレンパーアルビノを指すことが多く、「トレンパー」と略されることも多いです。体色のバリエーション富み、特に褐色の強いトレンパーアルビノはチョコレートアルビノと呼ばれ流通することもあります。また、RonTremper氏（LeopardGecko.com）のバンディット系統をアルビノ化したものは孵化温度に関係なく褐色が濃く、シナモンアルビノと呼ばれます。最も普及しているアルビノで、ヘテロ表記のない個体から本モルフが出現することも珍しくありません。

ヒョウモントカゲモドキとは

飼育編

繁殖編

健康管理編

品種編

品種紹介

他のトカゲモドキの仲間

レインウォーターアルビノ

Rainwater Albino

　レインウォーターアルビノは2番目に流通したアルビノで、「レインウォーター」と略されることが多いです。ラスベガスアルビノと呼ばれることもありますが、近年ではあまり耳にしません。3つのアルビノの中では、最も明るく淡い体色をしていますが、眼は暗い色調をしています。

レインウォーターアルビノ

ベルアルビノ

Bell Albino

　ベルアルビノは3番目に流通したアルビノで、「ベル」と略されることも多いです。フロリダアルビノと呼ばれることもありますが、近年ではあまり耳にしません。体色は濃く、眼は明るい赤色をしています。斑紋は濃い褐色をしており、スポットの集合体のような複雑な柄になっているものが多いです。

ベルアルビノ

マーフィー
パターンレス
Murphy Patternless

潜性遺伝

　マーフィーパターンレスは潜性遺伝するパターンレスの1つで、単にパターンレスと呼ばれることが多く、海外ではパティ（Patty）とも略されます。日本国内の流通初期にはリューシスティックとも呼ばれましたが、リューシスティックは通常「白化」を指すため、近年では使用されません。

　体色は多くがグレーやクリーム色をしており、黒色の斑点は消失します。幼体時は網目状の特徴的な模様があり、他品種との見分けも容易ですが、この網目状の模様は成長と共に消失します。なお、ヘテ

マーフィーパターンレス

ロ体でも模様に影響を及ぼすことがあり、影響を受けた個体は全身に細かな斑点が密に入ります。このような表現の個体はハイスペックルドやグラナイトとも呼ばれます。

ブリザード
Blizzard

ブリザードは、潜性遺伝するパターンレスの1つで、一見マーフィーパターンレスに似ていますが、体色はより白っぽい色調をしており、目の上は眼球が透けてより青っぽく見えます。マーフィーパターンレスの幼体には柄があるのに対し、ブリザードは幼体時から完全に柄が消失しています。また、エクリプスアイやマーブルアイのような眼の個体が出現しますが、これは確実に遺伝するものではなくランダムに出現します。眼のベースモルフと組み合わせると、出現した眼の表現型が何に由来したものか区別することは容易ではありません。ヘテロ体でも模様に影響を及ぼすことがあり、影響を受けた個体は全身に細かな斑点が密に入ります。体色が暗いものは「ミッドナイトブリザード」、黄色のものは「バナナブリザード」と呼ばれ流通することがありますが、固定されたものではありません。バナナブリザードはブリザードとマーフィーパターンレスのコンボを指す場合もあります。

ブリザード

ジャイアント／
スーパージャイアント
Giant/Super Giant

スーパージャイアントおよびジャイアントは、大きさに影響を与える潜性遺伝モルフです。かつては共顕性遺伝とされましたが、作出者であるRonTremper氏によって、後に潜性遺伝とされました。氏によれば、「ジャイアント」は存在せず、ホモ接合体であるスーパージャイアントとそのヘテロが存在するのみとされています。本モルフの遺伝形態については、ブリーダーによってさまざまな意見があり、共顕性遺伝やポリジェネティックとする意見もあります。

現在、スーパージャイアントの定義はオスで100g以上、メスで90g以上とされています。しかしながら、ヒョウモントカゲモドキには肥満個体が散見されるため、健康面を考慮して体重だけでなく、体格や全長にも着目して育成すべきでしょう。

なお、本モルフはその大きさから、ヒョウモントカゲモドキより大型で同属であるオバケトカゲモドキとの交雑個体ではないかと疑問視されましたが、後の研究によって純粋なヒョウモントカゲモドキであることが証明されています。

なお、RonTremper氏の元で生まれた大型個体Mooseは150gを超えていました。その子孫からSteve Sykes氏（Geckos Etc.）が作出した大型個体はゴジラと名付けられ、その血筋はゴジラジャイアントとして流通しています。Mooseの血を引く個体はさまざまなブリーダーの元へ渡り、現在もさらなる大型個体の作出が行われています。

ゴジラスーパージャイアント

エクリプス
Eclipse

潜性遺伝

　エクリプスは眼と体色に影響を与える潜性遺伝モルフです。基本的にエクリプスと言えば本モルフを指します。ただし、ブリザードやスーパースノーに見られる眼の光彩が黒く覆われる変異型もエクリプスアイと呼ばれるため、混同しないよう注意してください。

　本モルフの眼の表現型には幅があり、光彩が100%黒く覆われるものをフルアイやソリッドアイ・ブラックアイ、1～99%のものをスネークアイやハーフアイ、光彩が全く黒く覆われないものをクリアアイやアビシニアンアイと呼びます。アビシニアンは、元々はRonTremper氏によって独立したベースモルフとして発表されましたが、現在ではエクリプスと互換性があることなどから、眼の表現型の1つのバリエーションとして扱われることが一般的です。また、スネークアイでは眼の半分が黒く覆われるものや、斑に覆われるものもあり、両眼で覆われかたが異なることも珍しくありません。

　体色は基本的に淡くなり、パターンレスやリバースストライプの表現型のものが出現することもあります。また、鼻先や手足、尾先や首筋などにバイド（白抜け）の表現型が見られる場合があります。これらの

　眼や模様の表現型は必ずしも遺伝するわけではなく、たとえばフルアイ＋フルアイの子孫が全てフルアイになるわけではありません。ただし、選別交配によりある程度のコントロールができるようです。非常に普及しているモルフで、ヘテロ表記のない個体から本モルフが出現することも珍しくありません。

　飼育面では、時折視力の弱い個体が見られるほか、アルビノと組み合わせた際に光に敏感な個体が見られます。ピンセットでの給餌やシェルターを設置するなど、個体に合わせて配慮しましょう。

エクリプス（ソリッドアイ）

エクリプス（スネークアイ）

マーブルアイ
Marble Eye

潜性遺伝

　マーブルアイは、その名のとおり眼に影響を与え、インクを垂らしたように虹彩が黒く覆われます。眼の表現型はエクリプスに類似したものも見られますが、マーブルアイは体色に影響を及ぼさないとされ、フルアイは多くないと言われています。もちろん、エクリ

プスとの互換性はありません。マーブルアイの流通量はエクリプスに比べると少ないです。

マーブルアイ

ピッグモントナゲモドキほか

飼育篇

繁殖篇

品種管理篇

品種篇

品種紹介

他のトカゲモドキの仲間

ノワールデジール
ブラックアイ
Noir Desir Black Eyes (NDBE)

潜性遺伝

　ノワールデジールブラックアイは眼と体色に影響を与えます。幼体から若い個体では真黒な眼をしており、加齢と共に黒と銀が混ざった「ムーンアイ」と呼ばれる特徴的な眼に変化します。同じく眼に影響を与えるエクリプスやマーブルアイ・ブルーアンバーアイとは互換性がないとされます。体色を濃くするとされており、黒ずんだ個体が多く見られ、タンジェリンと組み合わせた際は特徴的な色調を生みます。

　成体の多くは眼球が小さく収縮して目が窪み、瞼が一見して奇形のように見えます。これらはほぼ目を開けず、視力が弱いもしくはないようです。ホモのメスは不妊であるとされ、繁殖にはヘテロのメスを用いる必要があります。また、本品種はJason Haygood 氏のタンジェリン系統から出現しました。このタンジェリン系統は、現在マンダリンタンジェリンとして流通しており、ノワールデジールブラックアイはマンダリンタンジェリンと組み合わされていることが多いです。

ノワールデジールブラックアイタンジェリンベル

サイファー
Cipher

潜性遺伝

サイファーはJohn Scarbrough氏(Geckoboareptile. com) の所有するマーブルアイのグループから発見されました。眼と模様・体色に影響を与える潜性遺伝モルフで、眼は必ずソリッドアイとなり、体には胴体から尾先までリバースストライプが見られ、バンド模様は出現しません。このリバースストライプは幼体時では明瞭ですが、成長と共に減退するようです。加えて、体色にも影響を及ぼすとされ、ワイルドタイプと交配した場合でも、広い面積にハイポタンジェリンのような発色をする個体が得られています。なお、エクリプスと互換性のないことが同氏により検証されています。

サイファー

ブルーアンバーアイ
Blue Amber Eye
潜性遺伝

　ブルーアンバーアイは青みがかった暗い色調の眼が特徴で、瞳孔がやや透けて見えます。眼の色調は幼体時が最も暗く、成長につれてやや薄くなるとされています。なお、エクリプスとは異なり、体色に影響を与えず、スネークアイのような表現型は出現しないようです。エクリプス・マーブルアイ・ノワールデジールブラックアイとは互換性がないとされています。

　本モルフは、Helene Tremper氏（Leopard Gecko.com）のタンジェリンレインウォーターアルビノ系統（後にバーニングブラッドレインウォーターと名付けられました）から発見されたため、流通する個体の多くはレインウォーターアルビノを含んでいます。

バーニングブラッドレッドレインウォーター
アルビノブルーアンバーアイ

スケールレス
Scaleless
潜性遺伝？

　スケールレスはEelco Schut氏（BC-reptiles）の元で2017年に発見され、現在検証が行われている最中で、まだ流通はしていません。ていねいに検証が進められており、潜性遺伝であることはほぼ確実なため、ここで紹介します。その名のとおり、ヒョウモントカゲモドキ特有のブツブツとした鱗が消え、滑らかな肌となっています。正式名称は決定していないようですが、同氏もスケールレスと呼んでいるとのことなので、ここでは準じてスケールレスとして紹介します。

　最初の個体はマックスノーヘテロエクリプス同士から得られており、サテン（Satin）とデミ（Demi）と名付けられました。サテンとデミの外観は一見、スーパースノーのスケールレスにも見えますが、どこまでがマックスノーやスーパーマックスノー・エクリプスによる影響を受けた外見なのかは現時点では不明です。2021年から2023年に生まれた個体は黄色みが出ており、眼もノーマルアイのため、スケールレスは眼や体色に影響を与えない可能性が高いでしょう。

写真・撮影個体● Eelco Schut氏（BC-reptiles）

エニグマ
Enigma

顕性遺伝

エニグマ

エニグマは体色や模様・眼の色に影響を与え、全身に灰色から薄紫色・オレンジなどの染みのような模様や、大小さまざまなスポットが散らばり、眼も濃い色調をしたものが多いです。なお、眼の色に関してはアルビノが入っていなくとも、赤っぽい色調となる場合があります。尾は白色から灰色をしており、微細なスポットが散るものや、全くスポットが入らないものも見られます。これらの表現型はランダムかつバリエーションに富み、同じ表現型の個体を再現することはきわめて困難です。単体ではあまり派手さがないこともあり、流通している多くの個体は何らかのコンボであることが多いです。

優性遺伝するベースモルフですが、ホモ接合体は致死とされています。そのため、ホモ接合体の多くは孵化せず、スーパー体と呼ばれるものも知られていません。

注意点として、エニグマにはその遺伝子に付随するエニグマシンドロームとも呼ばれる神経症状が知られています。これは「平衡感覚に異常をきたしたように傾く」「同じ場所をくるくると回る」「ひっくり返る」などの症状が見られ、餌をうまく捕れないような場合もあります。これらの症状には軽重があり、軽微なものでは何ら症状がないように見える場合もありますが、産卵や抱卵・輸送などのストレスにより症状が変化することがあります。飼育個体の症状に合わせて、給餌方法やレイアウトなどに対策を行う必要があるでしょう。なお、この神経症状は、症状の軽微なものを用いて選別交配を行ったとしても、完全に取り除くことはできないようです。

ホワイト&イエロー
White and Yellow (WY)

顕性遺伝

ホワイト&イエロー

ホワイト&イエローは体色や模様に影響を与える優性遺伝モルフで、その名のとおり体色は黄色と白を基調とします。色の淡いハイポタンジェリンのような体色に加え、顎や体側・四肢が白く色抜けする場合が多いです。さらに、エニグマのように不規則なスポットが出現し、時折パラドックスのような黒い染みが出現することもあります。エニグマ同様、他の品種と組み合わせた際に真価を発揮します。エニグマが派手系なのに対し、本モルフのコンボはコントラストの鮮やかなパステル調の美しい色彩となります。このため、流通している多くのホワイト&イエローは何らかのコンボであることが多いです。

ホモ接合体は致死とされており、ホモ接合体の多くは孵化せず、孵化しても虚弱で成長しない、または死んでしまうなどがほとんどです。また、エニグマのような神経症状がないとされていましたが、現在ではエニグマ同様の神経症状ホワイト&イエローシンドロームが知られています。ただし、ホワイト&イエローシンドロームはエニグマのそれと異なり、選別交配で取り除くことができ、無症状の個体に突然症状が現れることはないとされています。

なお、本モルフはより特徴が表れた個体を用いなければ、同様の表現は得られないとして、優性遺伝するベースモルフではなく、ポリジェネティックモルフとして扱われる場合もあります。

GEM スノー・
TUG スノー
Gem Snow&TUG Snow
顕性遺伝

体色に影響を与える顕性遺伝モルフで、いずれも黄色みが減少し、白地を基調とします。マックスノーと異なり、スーパー体は知られていません。TUGスノーはマックスノーと組み合わせることで、スーパー体が得られます。このスーパー体はスノーストームと名付けられています。TUGスノーとマックスノーの交配を行った場合、25％の確率でスノーストーム、50％の確率でTUGスノーかマックスノーが出現しますが、TUGスノーとマックスノーの確実な判断は不可能です。なお、GEMスノーとTUGスノーは、表現や遺伝形態にあまり差が見出せないことなどから、同一のものとして扱われる場合もあります。

GEM スノー

TUG スノー

ゴースト
Ghost
顕性遺伝

本モルフは顕性遺伝のような遺伝をすることが知られています。ハイポメラニスティック＋マックスノーのコンボもゴーストと呼ばれるため、混同しないよう注意してください。ゴーストは模様や体色に作用するモルフで、成長に伴って模様と体色が徐々に消失し、一見ハイポメラニスティックに似た表現を呈します。しかし、ハイポメラニスティックとは異なり、成体時には明るい黄色にはならず、オレンジの発色もせず、濃淡に幅のある緑色がかった発色をするとされています。また、マックスノーなどとのコンボでは、ラベンダー色の部分が広くなる個体が多いです。

幼体時の判別は難しく、その精度を高めるには、亜成体以降になり特徴が表れるのを待つ必要があります。ただし、どの品種でも言えることですが、経験豊富なブリーダーではこの限りではないようです。なお、本モルフは出自が古いものの、現在に至るまでにタンジェリンと組み合わされたり、ハイポと混同されたりしたため、純粋な個体の入手は難しい状態です。

写真・撮影個体● Miles Schwartz 氏 (Impeccable Gecko)

ゴースト

マックスノー・
スーパーマックスノー
Mack Snow&Super Mack Snow

共顕性遺伝

マックスノー

スーパーマックスノー

マックスノーは最も普及しているスノーです。単に「スノー」「スーパースノー」と呼ばれるものは、基本的にマックスノー・スーパーマックスノーを指します。マックスノーは他のスノー同様、体色に影響を与えるモルフで、黄色みが減少し、白地を基調とします。孵化時は明確なモノトーンカラーですが、成長と共に淡い黄色みが出てくることも珍しくありません。本モルフが他のスノーと一線を画す点は、共顕性遺伝する点です。このため、マックスノー同士を掛け合わせた場合、25%の確率でスーパー体であるスーパーマックスノーが生まれます。

スーパーマックスノーは、体色が完全なモノトーン、眼は必ずソリッドアイと、とても印象的な容姿をしています。孵化直後は全身グレーや黒っぽい色調をしていますが、成長と共にスポットが表れます。多くの場合、スポットは背に沿って線状に並び、スポットの大きさなどには個体差があります。

レモンフロスト・
スーパーレモンフロスト
Lemon Frost&Super Lemon Frost

共顕性遺伝

レモンフロスト

レモンフロストは体色と眼に影響を与え、体色はその名のとおり鮮やかなレモンイエローを基調とし、バンド模様は不明瞭で、ピグメントは鱗を1枚1枚黒く塗り潰したように点々と散ります。首や目の周辺などの白い部分はより明瞭。眼も特徴的で、ノーマルでは灰色をしている虹彩が白くなり、血管状の模様がより明瞭になります。スーパー体ではこれらの特徴がより顕著で、体色は全体を白く塗り潰したうえに、胴体をレモンイエローで塗ったような色調になり、目の白色部分はより広くなります。また、ノーマルでは半透明な腹面にも白やレモンイエローが広がります。なお、スーパー体では目や頭部が大きい個体や、皮膚が不自然に分厚い個体が散見されます。

悪性腫瘍が高確率で発生するため、多くのブリーダーやショップで敬遠されています。活き餌を自力で捕獲できないなどのエニグマ・ホワイト&イエローシンドロームとは異なり、生命に直結する凄惨な症状となる場合もあります。このため、繁殖だけでなく、ただ飼育をする場合でも迎え入れには注意が必要です。特にスーパーレモンフロストでは呼吸器内に腫瘍ができる、目が開けられないなどの重篤な症状が少なくなく、短命に終わる個体も多いです。この悪性腫瘍はレモンフロストの特徴的な色調を生み出すメカニズムそのものに起因するため、完全に除去することは現実的に困難です。腫瘍は成長するにつれて体表が盛り上がることで視認できるほか、腹面や顎の裏にも白く透けて確認できます。

ポリジェネティックモルフ

Polygenetic morphs

ハイイエロー
High Yellow

　最も古くから知られる品種で、その名のとおり黄色味の強い個体を選別交配したポリジェネティックモルフです。かつてはハイパーザンティックやザンティックと呼ばれることもありました。現在、「ハイパーザンティック」の名称は JMG Reptile 社による系統を指すことが一般的です。近年では、ハイイエローの血筋は非常に普及しており、特別に選別交配していなくともハイイエローと呼べる個体が得られます。このため、あえてハイイエローと呼ばずにノーマルと扱うブリーダーも見られます。一方、

ノーマル＝ハイイエローとして、たいして黄色くない個体や、広く普及しているタンジェリンやハイポのような表現を含んだ個体がハイイエローとして流通していることも少なくありません。

ハイイエロー

ハイポメラニスティック・
スーパーハイポメラニスティック
Hypomelanistic&Super Hypomelanistic

　ハイポメラニスティック、略してハイポと呼ばれることが多く、これは「黒色色素が減退している」という意味です。体色の黒ずみやピグメントが減退した表現型や、そのような個体を選別交配してできたポリジェネティックモルフを指します。顕性遺伝のような遺伝をすることも知られています。ハイポと呼ぶ条件は、単に前述のような色調を指す場合もありますが、「胴体の黒いスポットの数が10個以下」と定義されることもあります。また、スーパーハイポは胴体に黒いスポットがほぼない、あるいは皆無のものを指します。しかし、近年では曖昧な判定

で出回っている個体が少なくありません。ここでの「スーパー」は共顕性遺伝のスーパー体ではなく、「非常に」といった強調の意味で使用されています。

ハイポメラニスティック

ハイポタンジェリン・
スーパーハイポタンジェリン
Hypo Tangerine&Super Hypo Tangerine

　その名のとおりハイポとタンジェリンを組み合わせたポリジェネティックモルフで、鮮やかなオレンジ色を基調とし、ハイポの影響で黒いスポットは減少しています。2つの表現型から成っていますが、非常に一般的な組み合わせであるため、ここでは1つのものとして紹介します。ハイタン・スーパーハイタンとも呼ばれ、頭文字を取って HT・SHT と表記される場合もあり、以下でも HT・SHT と表記します。なお、後述する表現型を含め、近年では HT・SHT は単にタンジェリンと呼ばれることがほとんどです。HT・SHT は古くから人気を博し、多くのブリーダーが系統繁殖を行っていますが、それについては次のタンジェリンの項目で紹介します。頭部の模様が消失したものはボールディ（Baldy）あるいはボールドヘッド（Bald Head）、頭部にオレンジ色の模様が入るものをキャロット

ヘッド（Carrot Head）と呼びます。また、尾の付け根付近に濃いオレンジ色が乗るものはキャロットテール（Carrot Tail）と呼ばれ、尾の先端までオレンジ色に染まるものはフルキャロットとも呼ばれます。スーパーハイポタンジェリンキャロットテールは SHTCT、スーパーハイポタンジェリンキャロットテールボールディは SHTCTB とも略されます。

ハイポタンジェリン

タンジェリン
Tangerine

　タンジェリンとはミカンなどの柑橘類の1種のことで、その名のとおり地色が濃いオレンジの表現型や、それらを元に作られたポリジェネティックモルフを指します。数多のブリーダーがよりピグメントを減退させるためにハイポと組み合わせたためか、現在流通するタンジェリンの多くは H や SHT・SHTCT となっています。近年ではこれらを特に区別せず、単にタンジェリンと呼ぶことも多いです。

　色を濃くするのか明るくするのか、模様をどこまで減らすのか、緑色を出すためにエメリンを混ぜるかな

ど、ブリーダーのこだわりが見られる奥深い品種で、虜になっているブリーダーは少なくありません。かつては HT や SHT・SHTCT を目指した系統が多く見られましたが、近年ではピグメントを残してより色の濃いタンジェリンを目指した選別交配も行われています。また、どす黒い赤色を目指してメラニスティックを組み込む選別交配や、ボールドのような模様の表現型を組み込む選別交配も行われています。こういった近年作出された系統は、既存の系統を混ぜて選別交配を行い、新たな系統としているものが多いです。

　なお、比較的目にする系統を以下に紹介します。これらの系統はごく一例で、他にもたくさんの系統が存在します。今後もさまざまな系統が生まれることでしょう。

- ブラッド　Blood（JMG Reptile 社）
- ブラックブラッド　Black Blood（JMG Reptile 社）
- パープルブラッド　Purple Blood
  （JMG Reptile 社）Sin City Gecko's 由来の系統です。
- ブラッドエメリン　Blood Emerine（JMG Reptile 社）
- ブラッドハイポ　Blood Hypo（JMG Reptile 社）
- エレクトリック　Electric
  （KelliHammock 氏：HISS）
- ゲッコージェネティクス　Gecko Genetics
- マンダリン　Mandarin
  （Jason Haygood 氏の系統）

- トリド　Torrid
  （Albey Scholl 氏：Albey's "Too cool" Reptiles）
- タンジェリントルネード　Tangerine Tornado
  （Craig Stewart 氏：The Urban Gecko）
- パープルヘッド　Purple Head
  （John Scarbrough 氏：GeckoBoa）
- アフガンタンジェリン　Afghan Tangerine
  （Mateusz Hajdas 氏：Ultimate Gecko）
- インフェルノ　Inferno
  （Pat Kline 氏：Luxurious Leopards）
- チリレッド　Chili Red
  （須佐利彦氏：コーラルピクタス湘南）

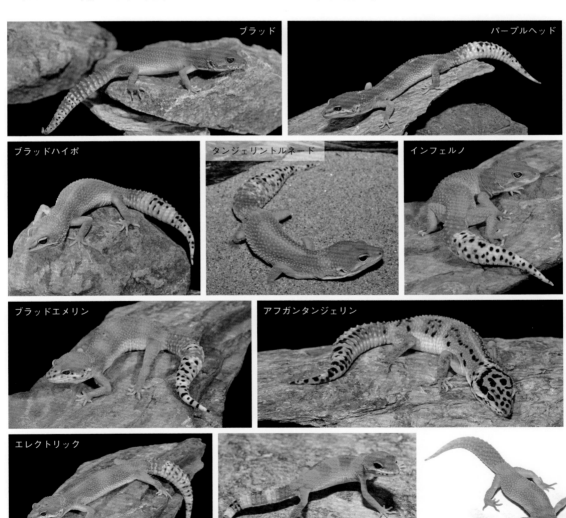

ブラッド　パープルヘッド　ブラッドハイポ　タンジェリントルネード　インフェルノ　ブラッドエメリン　アフガンタンジェリン　エレクトリック　マンダリン　チリレッド

159

エメラルド・エメリン
Emerald&Emerine

　エメラルドは、その名のとおり背中に薄い緑色が広がるポリジェネティックモルフで、RonTremper 氏によって発表されました。エメリンはエメラルドとタンジェリンを合わせた造語で、同じく RonTremper 氏により作出されました。近年ではエメラルドはほぼ流通せず、エメリンが広く普及しています。エメリン系統内には緑色？　となるような個体もいますが、完全な緑色とはいかないまでもクオリティが高い個体は若草色に見えます。なお、トレンバーアルビノと組合わせた個体は、同氏により「エクストリームエメリン」と名付けられています。

　現在ではタンジェリンの中でも広い面積に薄い緑色が現れる表現型を指してエメリンと呼ぶこともあります。なお、エメリンの表現型は数多くのタンジェリン系統から見られます。これはエメリンをタンジェリンに組み込むとタンジェリン色を強める作用があるため、多くのブリーダーがエメリンを自己の系統に組み込んだことが 1 つの理由です。タンジェリン同様、多くのブリーダーがエメリンの系統繁殖を行っています。以下に一例を紹介します。

- サイクスエメリン　Sykes Emerine
  （Steve Sykes 氏：Geckos Etc.）
- G プロジェクト　Gproject
  （Matt Baronak 氏：SaSobek Reptiles）
- クラウン　Clown
  （Matt Baronak 氏：SaSobek Reptiles）
- グリーン＆タンジェリン　Green&Tangerine
  （Mateusz Hajdas 氏：Ultimate Gecko ）

エメリン

サイクスエメリン

G プロジェクト

ジャングル
Jungle
別名　アベラント Aberrant ／デザイナーズ Designers

ジャングル

アベラント

ヒョウモントカゲモドキは通常、暗色のバンドが並んだ模様をしていますが、模様が乱れることがあります。

その乱れかたによって名称が変わり、模様が複雑に乱れた表現型をジャングルと呼びます。なお、ジャングルはアベラント（Aberrant）やデザイナーズ（Designers）と呼ばれることもあります。厳密には尾と体の柄が乱れるものをジャングル、どちらか一方が乱れるものをアベラントとしますが、近年ではアベラントやデザイナーズの名称はあまり耳にせず、ひと括りにジャングルとして扱われています。

とても目を引く特徴的な模様は、幼体期では特に顕著ですが、成長と共に細かなスポットの集合体になるかほぼ退縮する場合が多いです。ボールド系統から発生するボールドジャングル・ボールドストライプなどは模様が残りやすいですが、これらと混同しないように注意が必要です。

ストライプ
Stripe

ストライプはその名のとおり縦縞模様のことで、背の両側に沿って2本の筋状模様が並ぶ表現型や、そのような個体を元に作出されたポリジェネティックモルフを指します。暗色をした縦縞模様はジャングル同様、成長と共に細かなスポットの集合体になる、あるいはほぼ退縮することが多いです。オレンジとグリーンの色調が特徴的なレインボーストライプ Rainbow Stripe（Alberto Candolini 氏：A&M gecko）、オレンジの頭部とストライプが特徴的なサイクスレインボー Sykes Rainbow（Steve Sykes 氏：Geckos Etc.）の系統がよく知られています。

サイクスレインボー

リバースストライプ
Reverse Stripe

リバースストライプ
トレンパーアルビノ

　リバースストライプは、首の付け根から尾にかけて、背骨に沿うように暗色やラベンダー色などの1本線が入る表現型を指します。写真のネガのようにストライプが裏返ったような模様のため、こう呼ばれます。サイファーから見られるほか、エクリプスに付随して見られることも多いです。サイファーやエクリプスを伴わないリバースストライプは、選別交配・系統繁殖によってある程度再現性を高めることができるようです。

レッドストライプ
Red Stripe

　レッドストライプは、背骨に沿って明るく色抜けし、その両側を縁取るように濃い赤やオレンジの縦縞が走るのが特徴。元々は系統繁殖によって作出されたものでしたが、現在では多くの品種に組み込まれているため、系統名というよりは前述の表現型やポリジェネティックモルフとしてレッドストライプと呼ぶことが多いです。一般に、ベビーの頃は暗色のストライプ模様が見られますが、成長と共に暗色部分は退縮し、生後半年程度にかけて赤やオレンジの線が明瞭になります。アルビノと組み合わせた際には、その特徴がより明瞭となり、美しさが増します。

ボールド
Bold

ボールド

ボールドストライプ

　ボールドとは、いわゆる太字のことで、模様が太くて黒い表現型やポリジェネティックモルフを指します。

また、模様の形状によってボールドストライプ・ボールドジャングルなどと呼び分けられます。ヒョウモントカゲモドキの黒い帯状模様は、通常は成長と共に細かなスポットの集合体に変化します。しかし、ポリジェネティックモルフとしてのボールドの黒い模様は、成長過程で大きなスポット状になるか、ほぼ変化しないものが多いです。また、系統繁殖によって、より模様がそのまま残るようにすることが可能で、模様の形状もある程度コントロールができます。なお、ボールドをアルビノ化したものは、黒い部分が濃い褐色になります。

　多くの系統が知られており、模様のセレクトだけでなくタンジェリンやエクリプスを組み込むなど、さまざまな取り組みが行われています。なお、目にすることが多いボールドの系統を以下に紹介します。これはあくまで一例で、今後もいろいろな系統が生まれることでしょう。

ボールドの系統

- **バンディット Bandit**

頭部の模様がすっきりし、鼻の上に盗賊（Bandit）の髭を思わせる黒いバーが入ります。バンディット系統の中で鼻の上のバーが完全でないものはボールドバンディットと呼ばれます。バンディット系統をトレンパーアルビノ化したものは特に色が濃く、同氏によってシナモンアルビノと名付けられています。同氏によって1990年代前半からバンディットの元となる系統が繁殖されていたようです。「ゾロバンディット」と呼ばれるものも流通していますが、これは RonTremper 氏とは別のブリーダーによって「ゾロ」と名付けられた1個体のバンディットの子孫を指します。広く普及している系統で、多くのボールド系統に組み込まれており、鼻の上にバーがある模様を指してバンディットと呼ばれることもあります。

- **ハロウィンマスク Halloween Mask**

  （RonTremper）「ハロウィンマスク」の名称で販売した個体から始まった系統。

- **R2**

  （Robin and Russell Struck：R2 reptiles）

- **GGG** （Golden Gate Gecko）

- **ファイアボールド Firebold**

  （CarloMaia氏が作出した後、John Scarbrough 氏：GeckoBoa に引き継がれたタンジェリンボールドの系統） アフガンタンジェリン・レッドストライプ・ハイパーザンティック・バンディット・ゲッコージェネティクスなどを組み込み、系統繁殖されました。

- **ゴールドボールドプロジェクト Gold Bold project**（John Scarbrough：GeckoBoa）

- **エクストリームボールド Extreme Bold**

  （Pacherp）

- **ベンガルプロジェクト Bengal project**

  （Rudy Aguin 氏：Bold&Bright Geckos）タンジェリンボールドの系統。

バンディット

ボールドバンディット

シナモンアルビノ（アルビノバンディット）

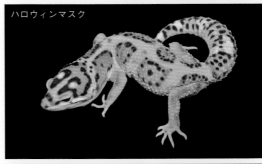
ハロウィンマスク

ファイアボールド

メラニスティック
Melanistic

メラニスティックとは「黒化」のことで、ヒョウモントカゲモドキ以外の爬虫類では潜性遺伝するものが知られていますが、現在のヒョウモントカゲモドキでいうメラニスティックは全て系統繁殖などによって作出されたポリジェネティックモルフです。そのため、系統や個体によって黒さに差が出るほか、メラニスティック以外の個体と交配させた場合、F1個体では黒さは薄まってしまい、黒さを取り戻すには再度選別交配を重ねていく必要があります。

近年見かける系統としては、以下のようなものが知られています。

ブラックナイト

- ブラックパール　Black Pearl
  （KonradWlodarczyk：LivingArtGecko）
- チャコール　Charcoal　　（JMG Reptile 社）
- カーボン　Carbon
  （Mateusz Hajdas：Ultimate Geckos）
- ブラックナイト　Black Night
  （Ferry Zuurmond:Black Night Leopardgeckos）
- アコヤ　Akoya
  （Lydie Verger：Didiegecko AFT によって作出された系統、あるいはブラックナイト・ブラックパール・チャコールから作られたメラニスティックの呼び名）

これらはポリジェネティックモルフの系統ですが、ハイポメラニスティックのように全く異なる品種と掛け合わせてもある程度の効果を発揮し、F1で黒っぽい個体を得ることができます。中でも、現在最も黒い系統はブラックナイトと言え、他の品種と掛け合わせた場合の影響も強いです。このためか、ブラックナイト以外の品種とクロスした個体について、ブラックナイト〜などの名称が付けられている個体を見かけることも少なくありません。

ラインブレッドスノー
Line Bred Snow

ラインブレッドスノー

ラインブレッド（Line Bred）とは系統繁殖のことで、ラインブレッドスノーとはその名のとおり、系統繁殖によって黄色みを減少させ、白い地色を強調させたポリジェネティックモルフとしてのスノーです。このため、モノトーンからクリーム色が強く出るものまで、表現には幅があります。Albey's "Too Cool" Reptiles 社による系統（通称 Albey's ラインブレッドスノー）が知られていますが、マックスノーなどの明確に遺伝するスノーが主流になったため、現在ではあまり見かけません。

ラベンダー
Lavender

　その名のとおり、淡い紫色をした表現型を指します。この表現型を洗練したものとしては JMG Reptile 社のラベンダーストライプの系統が知られています。このラベンダーストライプは、美しい薄紫色を呈し、成長後もある程度維持されます。現在、ラベンダーに着目した系統繁殖は多くなく、今後の発展が期待されます。

ラベンダーストライプ

ストーンウォッシュ
Stonewash

　Stonewash とはジーンズを石と共に洗って擦り切れたよう風合いを出すための加工方法のことで、ストーンウォッシュはその名のとおり擦れたような柄が特徴です。JMG Reptile 社によって作出され、主にトレンパーアルビノと組み合わされています。同社の Jeff Galewood 氏によれば、トレンパーアルビノ以外のアルビノとも組み合わせが可能で、現在のストーンウォッシュには同社のタンジェリン系統であるブラックブラッドの中でも柄の多い個体が使用されているそうです。流通初期のストーンウォッシュと、現在ストーンウォッシュの名を冠して流通するものでは、表現に開きが見られます（写真は近年流通した個体）。

写真上、ストーンウォッシュ
写真中、ストーンウォッシュベル
写真下、ストーンウォッシュベル

写真・撮影個体◉レオパノアトリエ　中村暢希（上1点）、STAY REAL GECKO（下2点）

パイド
Pied

体に白く抜けた部分ができる表現型です。主にエクリプスに見られ、選別交配によって白く抜けた部分をより広くすることができるようです。トータルエクリプスなどではパイドに着目して選別交配された系統も知られており、みごとなパイドの個体が流通しています。ヒョウモントカゲモドキにおいて、他の爬虫類に見られるような明確な遺伝性のあるパイドはまだ確立されていませんが、検証中のプロジェクトは存在します。今後の発展が期待されます。

パイドユニバース

ハイスペックルド・グラナイト・ダイオライト
Hi Specled,Granite&Diorite

ハイスペックルドは非常に細かなスポット模様が胡椒を散らしたように全身に散る表現型のことで、グラナイトやダイオライトとも呼ばれます。なお、ポリジェネティックモルフと呼べるほど洗練されたものはあまり知られておらず、個体レベルの特徴を指す場合がほとんどです。スーパーマックスノーやトータルエクリプス、また、これらのエニグマコンボなどから見られるほか、マーフィーパターンレスやブリザードのヘテロ個体の中にも出現します。なお、日本国内では前述とは別に、安川雄一郎氏によって発表されたダイオライトが知られています。これもマーフィーパターンレスと関係した遺伝をするようですが、流通量が少なく、詳細な遺伝形態も研究中のようです。

ハイスペックルド

ダイオライト

ホワイトサイド
White side

脇腹から頬にかけて色が白く抜けたようになる表現型で、白い部分の面積には個体差があります。ポリジェネティックモルフと呼べるほど洗練されたものはあまり知られておらず、個体レベルの特徴を指す場合がほとんどです。ホワイト＆イエローやそのコンボモルフからよく見られ、エニグマなどの他の品種からも出現します。

ホワイトサイドホワイト＆イエロートレンパーアルビノ

パステル
Pastel

パステルは RonTremper 氏によって作出されたポリジェネティックモルフ。明るく鮮やかな色調が特徴で、幼体時で特に顕著。アルビノやホワイト＆イエロー・スノーなどと組み合わせた際には、ひと際美しい個体が見られます。なお、日本国内で流通する個体は加齢か低温のせいか、ややくすんだ色調の個体を見かけることが多いです。同氏の系統に関係なく、マックスノーなどから見られる個体レベルのパステル調の色彩を指してパステルと呼ぶ場合もあるため、混同しないように注意が必要です。

パステルラプター

パラドックス
Paradox

「パラドックス」とは矛盾といったような意味です。通常ではありえない大きな黒点や模様が出現したものをこう呼びます。たとえば、スーパーマックスノーに黄色いスポットが表れる、アルビノにノーマルのような色柄の部分がある、紫色が滲むなど、その表現はさまざま。いずれも遺伝しないとされ、再現性もないため、全てが1点ものです。こういったパラドックスの中に遺伝性のあるもの

パラドックス

がないとも言い切れませんが、検証されないことがほとんどです。

コンボモルフ
ポリジェネティックコンボモルフ・ラインブレッドコンボモルフ
Combo Morphs (Polygenetic Combo Morphs & Line Bred Combo Morphs)

タンジェリンアルビノ
Tangerine Albino

レッドダイアモンド

タンジェリン + アルビノ

　オレンジ色の強いアルビノです。タンジェリンにさまざまな系統があるように、タンジェリンアルビノも軸となったタンジェリンの系統名を冠する場合が多いほか、それとは別の名を付けられている場合もあります。例として、RonTremper 氏によるタンジェロ（Tangelo）、Carlo Maia 氏と Luca Gonzini 氏によるレッドダイアモンド（Red Diamond）、Dave Rich 氏（DC Geckos）によるカッパー（Copper）などの系統が知られています。タンジェリンアルビノは温度や加齢によって色褪せしにくく、鮮やかな色調が持続する個体が多いです。また、模様やコントラストの変化も多岐に渡るため、今後はより多くの系統が作出されるかもしれません。

サングロー
Sunglow

サングロー

スーパーハイポタンジェリンキャロットテール + アルビノ

　元々は Craig Stewart 氏（The Urban Gecko）による系統の名称でしたが、この系統と名称が非常に普及したためか、近年では SHTCT とアルビノの組み合わせを指してサングローと呼ぶことが多いです。また、本来は体にほぼ模様のない個体を指しましたが、現在では多少模様が残っている状態の個体でもサングローとされることが珍しくありません。トレンバーアルビノ以外のアルビノを用いた場合は、ベルサングローやレインウォーターサングローなどと呼ばれます。なお、かつては同様の組み合わせがハイビノ（Hybino）と呼ばれていました。

ファイアウォーター
Firewater

ファイアウォーター

スーパーハイポタンジェリンキャロットテール + レインウォーターアルビノ

　Dan Lubinsky 氏（Hot Gecko）が作出したラインブレッドコンボモルフで、2006年に発表されました。Dan Lubinsky 氏の血筋に関係なく、単にスーパーハイポタンジェリンキャロットテールとレインウォーターアルビノの組み合わせを指してファイアウォーターと呼ばれることもあります。

レイニングレッドストライプ
Raining Red Stripe

レイニングレッドストライプ

レッドストライプ ＋ レインウォーターアルビノ

　元々は Jeremy Letkey 氏が作出したラインブレッドコンボモルフで、2005年頃に発表されました。表現としてはレッドストライプのレインウォーターアルビノです。Jeremy Letkey 氏の血筋に関係なく、単にレッドストライプとレインウォーターアルビノの組み合わせを指してレイニングレッドストライプと呼ばれることもあります。

スノーグロー
Snowglow

ベルスノーグロー

マックスノー ＋ アルビノ ＋ スーパーハイポタンジェリン

　パステル調の淡く美しいオレンジ色が特徴です。まさにスノーグローと呼べる個体の作出には数世代にわたる系統繁殖・選別交配が必要となります。単純にマックスノー・アルビノ・スーパーハイポタンジェリンを組み合わせただけでは、スノーグローと呼べる個体を得ることは難しいです。

クリームシクル
Creamsicle

クリームシクル

マックスノー ＋ スーパーハイポタンジェリンキャロットテール

　JMG Reptile 社によって作出されたラインブレッドコンボモルフ。オレンジ色のスーパーハイポタンジェリンと、モノトーン調のマックスノーという一見相反する組み合わせですが、パステル調の淡く美しいオレンジ色となります。若い個体で見られる白・黄・オレンジのコントラストに目が惹かれます。なお、系統繁殖によって作出された品種なので、色調には個体差があります。

ゴースト
Ghost

別名　スノーゴースト

ゴースト

マックスノー ＋ ハイポメラニスティック

　ベースモルフのゴースト（P.155）とは異なり、スノーとハイポメラニスティックから構成されています。ベースモルフのゴーストとの混同を避けるため、スノーゴーストと呼ばれることもあります。白っぽい色調からレモンイエローの色調となります。

トレンパーアルビノコンボモルフ

※ここからは組み合わせによって流通名（商品名）が付けられたコンボモルフについて、含まれるアルビノごとに分類して紹介します。この流通名はライン名ほど厳密なものではなく、単に組み合わせの名称として使われます（この名称をあえて使わないブリーダーも多いです）。

ラプター
RAPTOR

ラプター

トレンパーアルビノ ＋ エクリプス

　ラプターは、RonTremper 氏によって発表されたもので、元々は R（レッドアイ）A（アルビノ）P（パターンレス）T（トレンパー）OR（オレンジ）の略でした。このパターンレスは系統繁殖によるパターンレスで、マーフィーパターンレスではありません。最初に流通したラプターはその名のとおり、全身オレンジで赤い眼が印象的な個体でした。しかしながら、現在では単にトレンパーアルビノとエクリプスが組み合わされ、模様が残ったものでもラプターとして流通します。ヒョウモントカゲモドキのコンボモルフでは、最初に提唱された基準が流通の過程で簡素化されていくことが少なくありません。なお、本来のラプターの定義でエクリプスがヘテロのものはアプター（Aptor）と定義付けられていましたが、現在ではこの名はほとんど耳にしません。

スーパーラプター
SuperRAPTOR

スーパーラプター

スーパーマックスノー ＋ トレンパーアルビノ ＋ エクリプス（スーパーマックスノー ＋ ラプター）

　このスーパーはスーパーマックスノーを略したものです。コンボモルフの名称において、スーパーマックスノーをスーパーと略することは珍しくありません。なお、スーパーラプターは孵化時には全身白色に見えますが、成長と共に模様がある程度はっきりします。アルビノトータルエクリプスといった位置付けにもなり、鼻先や尾先にパイドが見られます。

エンバー
Ember

エンバー

トレンパーアルビノ ＋ エクリプス ＋ マーフィーパターンレス（ラプター ＋ マーフィーパターンレス）

　マーフィーパターンレスによって、必ず全身が黄色の個体となります。

スノーフレーク
Snowflake

スノーフレーク

マックスノー ＋ トレンパーアルビノ ＋ エクリプス ＋ マーフィーパターンレス（マックスノー ＋ エンバー）

ブレージングブリザード
Blazing Blizzard

ブレージング
ブリザード

　アルビノを組み込むことで、ブリザードの白さが際立ちます。トレンパーアルビノではなく、ベルアルビノを組み込んだものはベルブレージングブリザードと呼ばれます。

ディアブロブランコ
Diablo Blanco

ディアブロブランコ

ブリザード＋トレンパーアルビノ＋エクリプス（ブリザード＋ラプター）

　真っ白な体色に赤い瞳が印象的なコンボモルフです。なお、発現しているエクリプスアイがエクリプス由来のものであるのか、ブリザード由来のものであるのかを判断するのは簡単ではありません。

ノヴァ
Nova

ノヴァ

トレンパーアルビノ ＋ エクリプス ＋ エニグマ（エニグマ＋ ラプター）

エニグマが組み込まれた品種なので、出現するスポットの大きさや数・体色などには幅があります。

スーパーノヴァ
Super Nova

スーパーノヴァ

スーパーマックスノー ＋ トレンパーアルビノ ＋ エクリプス ＋ エニグマ（スーパーマックスノー ＋ エニグマ ＋ ラプター）

ドリームシクル
Dreamsickle

ドリームシクル

マックスノー ＋ トレンパーアルビノ ＋ エクリプス ＋ エニグマ (マックスノー ＋ ノヴァ)

ファントム
Phantom

ファントム

TUG スノー ＋ トレンパーアルビノ ＋ SHTCT（TUG スノー ＋ サングロー）

　現在では模様の残った TUG スノー＋トレンパーアルビノがファントムとして流通していることもあります。

ベルアルビノコンボモルフ

レーダー
Radar

レーダー

ベルアルビノ ＋ エクリプス

　レーダーはラプターのトレンパーアルビノをベルアル
ビノに置き換えたようなものですが、流通当初からパ
ターンレスでないものもレーダーと呼ばれていたよう
です。ベルアルビノのエクリプスアイはトレンパーア
ルビノやレインウォーターアルビノに比べて鮮やかな赤
色をしており、低温下でもあまり黒くなりません。

スーパーレーダー
Super Radar

スーパーレーダー

スーパーマックスノー ＋ ベルアルビノ ＋ エクリプ
ス（スーパーマックスノー ＋ レーダー）

　スーパーラプターに比べると、やや薄紫色からピン
ク色がかった個体が多く、幼体時では特に顕著です。

ステルス・ソナー
Stealth&Sonar

ステルス

エニグマ ＋ マックスノー ＋ ベルアルビノ ＋ エク
リプス（エニグマ ＋ マックスノー ＋ レーダー）

　ステルスは、元々はマックスノーレーダーを指す名
称でしたが、現在ではそれにエニグマを足したものを
この名で呼びます。ソナーはCraig Stewart氏（The
Urban Gecko）によって名付けられたもので、マッ
クスノーレーダーを指したステルスとの差別化のため
の名称と思われます。

スーパーステルス
Super Stealth

スーパーステルス

エニグマ ＋ スーパーマックスノー ＋ ベルアルビノ
＋ エクリプス（エニグマ ＋ スーパーマックスノー
＋ レーダー）

カルサイト
Calcite

カルサイト

ホワイト＆イエロー ＋ エニグマ ＋ マックスノー
＋ ベルアルビノ ＋ エクリプス（ホワイト＆イエ
ロー ＋ ステルス）

ホワイトナイト
White Knight

ホワイトナイト

ブリザード ＋ ベルアルビノ ＋ エクリプス（ブリ
ザード ＋ レーダー）

　ホワイトナイトの Knight は騎士の意味であり、ブ
ラックナイトの Night（夜）とは異なります。

ブラッドサッカー
Bloodsucker

ブラッドサッカー

エニグマ ＋ ベルアルビノ ＋ マックスノー

　この名称は日本国内ではしばしば見られますが、海
外では見かけません。毒々しい外見が印象的です。

オーロラ
Aurora

オーロラ

ホワイト＆イエロー ＋ ベルアルビノ

レッドアイエニグマ
Redeye Enigma

レッドアイエニグマ

エニグマ ＋ ベルアルビノ

　ベルアルビノとエニグマの組み合わせによく見ら
れる、エクリプスを伴わない赤い光彩が特徴です。

レインウォーターアルビノコンボモルフ
Rainwater Albino Combo Morphs

タイフーン
Typhoon

タイフーン

レインウォーターアルビノ ＋ エクリプス

　レーダーに比べると、暗い葡萄色の眼をしています。

スーパータイフーン
Super Typhoon

スーパータイフーン

スーパーマックスノー ＋ レインウォーターアルビノ ＋ エクリプス（スーパーマックスノー ＋ タイフーン）

　柄が消えるわけではないのですが、地色と溶け込んでしまい、一見全身白く見える個体もいます。

サイクロン
Cyclone

サイクロン

マーフィーパターンレス ＋ レインウォーターアルビノ ＋ エクリプス（マーフィーパターンレス ＋ タイフーン）

クリスタル
Crystal

クリスタル

エニグマ ＋ マックスノー ＋ レインウォーターアルビノ ＋ エクリプス（エニグマ ＋ マックスノー ＋ タイフーン）

スーパークリスタル
Super Crystal

スーパークリスタル

エニグマ ＋ マックスノー ＋ レインウォーターアルビノ ＋ エクリプス（エニグマ ＋ スーパーマックスノー ＋ タイフーン）

アルビノを含まないコンボモルフ

Other Combo Morphs

ビー
BEE

ビー

エニグマ ＋ エクリプス

　BEE とは Black Eyed Enigma の頭字語ですが、スネークアイなどのソリッドアイ以外の表現でもこの名で呼ばれることがあります。

ブラックホール
Black Hole

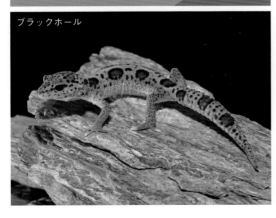
ブラックホール

マックスノー ＋ エニグマ ＋ エクリプス

　孵化時には大きな暗色部が目を惹きますが、概ね成長と共に細かなスポットに変わります。

ダルメシアン
Dalmatian

ダルメシアン

スーパーマックスノー ＋ エニグマ

　エニグマの影響で斑点が不規則になり、細かくなるものが多くみられます。Dalmatian は犬種のダルメシアンのことで、この犬種を連想させるような模様となる個体も多いです。

トータルエクリプス・ギャラクシー
Total Eclipse & Galaxy

トータルエクリプス

スーパーマックスノー ＋ エクリプス

　トータルエクリプスとギャラクシーは、一見スーパーマックスノーとよく似た個体もいますが概ねエクリプス

の影響で鼻先・尾先・手足・腹部が白く抜けます。このパイド表現を選別交配した個体も知られています。

　ギャラクシーは、元々はRonTremper氏によって名付けられたもので、最初に日本で発表された個体には黄色のパラドックススポットがあり、RonTremper氏はこれがギャラクシーの特徴の1つ、といった説明をしました。しかしながら、このパラドックススポットは遺伝をせず、ギャラクシーと呼ばれて流通した個体の多くはパラドックススポットのないものでした。結局のところ、トータルエクリプスとギャラクシーには見ために大きな差異がないため、スーパーマックスノー＋エクリプスの組み合わせはこの2つの呼び名が使われます。厳格に呼び分けるのであれば、RonTremper氏の血筋はギャラクシー、その他はトータルエクリプスとするべきかもしれません。

ユニバース
Universe

ユニバース

スーパーマックスノー ＋ エクリプス ＋ ホワイト＆イエロー（トータルエクリプスまたはギャラクシー ＋ ホワイト＆イエロー）

　ホワイト＆イエローの影響で、斑点が不規則になる個体が見られるほか、斑点がほぼ減退した個体も見られます。明瞭なホワイトサイドがよく目立ちます。

プラチナム・スーパープラチナム
Platinum&Super Platinum

プラチナム

マックスノー ＋ マーフィーパターンレスまたはスーパーマックスノー ＋ マーフィーパターンレス

　プラチナまたはスーパープラチナとも呼ばれます。スーパーマックスノー＋マーフィーパターンレスをプラチナやプラチナムと呼ぶこともあります。スーパーマックスノー＋マーフィーパターンレス＋エクリプスをスーパープラチナムとする場合もあるため、ブリードを考えての購入の際はコンボ内容をよく確認する必要があるでしょう。

バナナブリザード
Banana Blizzard

バナナブリザード

マーフィーパターンレス ＋ ブリザード

　本来、バナナブリザードとはこのコンボを指します。単に黄色っぽいブリザードをバナナブリザードと呼ぶこともあるため、混同しないように注意が必要です。

ワイルドタイプ（野生型）

　ワイルドタイプに関する詳細は品種編P.112～119「品種はどのように区分されるの？」を参考にしてください。ヒョウモントカゲモドキの亜種分類は曖昧な点が多く、純粋なものであるのか交雑しているかの判定も難しいです。流通するものは亜種の名を冠する1つのタイプとして認識したほうが良いでしょう。

マキュラリウス

マキュラリウス
Macularius

別名　パンジャブ

　マキュラリウスはワイルドタイプの1つで、基亜種である *Eublepharis macularius macularius* にあたるとされています。また、この基亜種の基準産地（学術記載される際の元となった標本個体の採取場所）がパキスタンパンジャブ州であるため、パンジャブとも呼ばれます。典型的なヒョウモントカゲモドキの外見をしており、他のワイルドタイプに比べて黄色みの強い地色に黒いスポットが散ります。このため、「ハイイエロー」の元となったのはマキュラリウスとされています。なお、*E. m. macularius* は分布域が広く、体色や模様の入りかたにバリエーションが見られます。このため、マキュラリウスとして流通していても、外観が異なる場合があります。

　ワイルドタイプ全般に言えることですが、ヒョウモントカゲモドキはF2・F3・F4…と累代が進むにつれて体色が明るくなる傾向があります。このため、マキュラリウス以外のワイルドタイプとして流通している個体にもハイイエローと呼べるような色調の個体も見られます。

モンタヌス
Montanus
別名　モンテン

モンタヌス

モンタヌスはワイルドタイプの1つで、亜種である E. m. montanus にあたるとされています。モンテンとも呼ばれます。日本で野生採取個体が流通していた頃のモンタヌスは、地色が黄色というよりは褐色や黒褐色のような黒みがかった色で、スポットが多く、時には繋がるような外見でした。現在流通するモンタヌスは、マックスノーのように白っぽく淡い色調をしたものが主流です。白いモンタヌスの系統としては、ガボールコーサライン（Gabor Kosa line）などが知られています。このような白いワイルドタイプは、マックスノーなどの白を基調とした品種と交配した時、より白い個体を得ることができます。

ファスキオラータス
Fasciolatus
別名　ファスシオラータス

ファスキオラータス

ファスキオラータスはワイルドタイプの1つで、亜種である E. m. Fasciolatus にあたるとされています。ファスシオラータスとも呼ばれます。他のワイルドタイプと比べて、淡い黄色を地色とし、スポットは粗く入ります。また、暗色のバンド部分の縁では、スポットがボーダー状から破線状に繋がり、バンド部分に淡い紫色が残ることが多いです。

アフガニクス
Afghanicus
別名　アフガン

アフガニクス

アフガニクスはワイルドタイプの1つで、亜種である E. m. afghanicus にあたるとされています。アフガンとも呼ばれます。ヒョウモントカゲモドキの亜種分類は曖昧な点が多く、他亜種は1つのカラーバリエーション程度に扱われることもありますが、本亜種は特徴が明確です。学術的な亜種としてのアフガニクスは、他の野生型と比べて小柄で、オスの成体でも16cm程度とされており、現在世界的に流通するものの多くはこの特徴に沿っています。また、濃い黄色を地色とし、バンド部分も紫色ではなく地色と同じ色になりがちです。スポットの色は濃く、バンド部分や頭部の後縁を囲むように繋がるものが多く見られます。なお、日本でアフガンとして流通するものには白っぽく大柄なものが見られ、前述の特徴とは一致しません。これは、学術的な亜種の特徴を基準としているのではなく、元親となった野生採取個体の流通名（商品名）を基準としているためです。

他の
トカゲモドキの仲間

Other Eublepharidae 07

　ヒョウモントカゲモドキの属するトカゲモドキ科にはヒョウモントカゲモドキの他にも以下のグループや種が含まれます。ここではペットルートで入手しやすく、ヒョウモントカゲモドキの次に飼育できるようなアメリカトカゲモドキ属・アジアトカゲモドキ属・キョクトウトカゲモドキ属・フトオトカゲモドキ属の一部の種について紹介します。掲載されていない種や各種の詳細を知りたい人は『ディスカバリー ヤモリ大図鑑トカゲモドキ編』（誠文堂新光社）をご覧ください。

　なお、ヒョウモントカゲモドキは全爬虫類の中でも飼育がしやすい「特別」な存在です。多くの爬虫類はヒョウモントカゲモドキのように飼育・繁殖が簡単とは言えず、触れ合いを目的とした愛玩目的の飼育にも向きません。ここで紹介するようなトカゲモドキ類も例外ではなく、多くがヒョウモントカゲモドキのようには飼えません。飼育をする際はこのことに留意して、飼育種の特徴を把握して取り組みましょう。

オバケトカゲモドキ

トカゲモドキ科に含まれる属と種

オマキトカゲモドキ属　*Aeluroscalabotes*

└─オマキトカゲモドキ　*Aeluroscalabotes felinus*
　　　└─マレーシアオマキトカゲモドキ　*Aeluroscalabotes felinus felinus*
　　　└─ボルネオオマキトカゲモドキ　*Aeluroscalabotes felinus multituberculatus*

マレーシアオマキトカゲモドキ

アメリカトカゲモドキ属　*Coleonyx*

├─チワワトカゲモドキ　*Coleonyx brevis*
├─サヤツメトカゲモドキ　*Coleonyx elegans*
│　　　└─ユカタンサヤツメトカゲモドキ　*Coleonyx elegans elegans*
│　　　└─コリーマサヤツメトカゲモドキ　*Coleonyx elegans nemoralis*
├─ミツオビトカゲモドキ　*Coleonyx fasciatus*
├─サンマルコストカゲモドキ　*Coleonyx gypsicolus*
├─ボウシトカゲモドキ　*Coleonyx mitratus*
├─アミメトカゲモドキ　*Coleonyx reticulatus*
├─バハトカゲモドキ　*Coleonyx switaki*
└─バンドトカゲモドキ　*Coleonyx variegatus*
　　　├─サバクトカゲモドキ　*Coleonyx variegatus variegatus*
　　　├─サンディエゴトカゲモドキ　*Coleonyx variegatus abbotti*
　　　└─ソノラトカゲモドキ　*Coleonyx variegatus sonoriensis*

チワワトカゲモドキ

アジアトカゲモドキ属　*Eublepharis*

├─オバケトカゲモドキ　*Eublepharis angramainyu*
├─ダイオウトカゲモドキ　*Eublepharis fuscus*
├─ハードウィッキートカゲモドキ　*Eublepharis hardwickii*
├─ヒョウモントカゲモドキ　*Eublepharis macularius*
│　　　├─モトイヒョウモントカゲモドキ　*Eublepharis macularius macularius*
│　　　├─アフガンヒョウモントカゲモドキ　*Eublepharis macularius afghanicus*
│　　　├─ホソオビヒョウモントカゲモドキ　*Eublepharis macularius fasciolatus*
│　　　├─サンガクヒョウモントカゲモドキ　*Eublepharis macularius montanus*
│　　　└─スミスヒョウモントカゲモドキ　*Eublepharis macularius smithi*
├─ソメワケトカゲモドキ　*Eublepharis pictus*
├─サトプラトカゲモドキ　*Eublepharis satpuraensis*
└─トルクメニスタントカゲモドキ　*Eublepharis turcmenicus*

ダイオウトカゲモドキ

キョクトウトカゲモドキ属　*Goniurosaurus*

アシナガトカゲモドキ

- アシナガトカゲモドキ　*Goniurosaurus araneus*
- バワンリントカゲモドキ　*Goniurosaurus bawanglingensis*
- カットバトカゲモドキ　*Goniurosaurus catbaensis*
- チャンゼントカゲモドキ　*Goniurosaurus chengzheng*
- グァージトカゲモドキ　*Goniurosaurus gezhi*
- ゴラムトカゲモドキ　*Goniurosaurus gollum*
- ハイナントカゲモドキ　*Goniurosaurus hainanensis*
- フーリエントトカゲモドキ　*Goniurosaurus huuliensis*
- カドーリトカゲモドキ　*Goniurosaurus kadoorieorum*
- オキナワトカゲモドキ　*Goniurosaurus kuroiwae*
    - クロイワトカゲモドキ　*Goniurosaurus kuroiwae kuroiwae*
    - マダラトカゲモドキ　*Goniurosaurus kuroiwae orientalis*
    - ケラマトカゲモドキ　*Goniurosaurus kuroiwae sengokui*
    - イヘヤトカゲモドキ　*Goniurosaurus kuroiwae toyamai*
    - クメトカゲモドキ　*Goniurosaurus kuroiwae yamashinae*
    - ヨロントカゲモドキ　*Goniurosaurus kuroiwae yunnu*
- クアンファトカゲモドキ　*Goniurosaurus kwanghua*
- クワンシートカゲモドキ　*Goniurosaurus kwangsiensis*
- リボトカゲモドキ　*Goniurosaurus liboensis*
- スベノドトカゲモドキ　*Goniurosaurus lichtenfelderi*
- ゴマバラトカゲモドキ　*Goniurosaurus luii*
- ジェンファンリントカゲモドキ　*Goniurosaurus sinensis*
- オビトカゲモドキ　*Goniurosaurus splendens*
- ナンリントカゲモドキ　*Goniurosaurus varius*
- インドゥトカゲモドキ　*Goniurosaurus yingdeensis*
- ジーロントカゲモドキ　*Goniurosaurus zhelongi*
- シュウトカゲモドキ　*Goniurosaurus zhoui*

ニシアフリカトカゲモドキ

フトオトカゲモドキ属　*Hemitheconyx*

- ニシアフリカトカゲモドキ　*Hemitheconyx caudicinctus*
- テイラートカゲモドキ　*Hemitheconyx taylori*

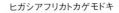
ヒガシアフリカトカゲモドキ

ヒガシアフリカトカゲモドキ属　*Holodactylus*

- ヒガシアフリカトカゲモドキ　*Holodactylus africanus*
- ソマリアトカゲモドキ　*Holodactylus cornii*

アメリカ
トカゲモドキ属
Coleonyx

　本属の種は一部が比較的安定して流通します。ヒョウモントカゲモドキに比べると細長く、猫のようにしなやかな動きを見せてくれます。「属」が同じ種は飼育に関しても共通点が多いのですが、本属では属内でも生息環境が大きく異なることもあり、飼育方法に注意が必要です。ここでは入手しやすい3種を紹介します。

チワワトカゲモドキ
Coleonyx brevis

チワワトカゲモドキ

全長：9cm 程度
分布：アメリカ合衆国・メキシコ

　流通するトカゲモドキ類の中でも特に小型の種です。乾燥した半砂漠地帯に生息します。幼体時は暗色と黄褐色のバンド模様で、成体ではバンドは不明瞭になり斑紋模様が目立つようになります。肌はヒョウモントカゲモドキに比べるときめ細かい質感で、尾にはある程度の栄養を溜めることができます。CB が比較的流通しており、育った個体であれば丈夫で飼育は容易。WC は状態が悪いものも珍しくなく、立ち上げが難しいこともあります。WC を飼う場合、尾が著しく痩せていない個体を選ぶと良いでしょう。ベビー時はイエコオロギの2齢サイズなどを与えますが、与えすぎによる吐き戻しに注意します。

ボウシトカゲモドキ
Coleonyx mitratus

ボウシトカゲモドキ

全長：16cm 程度
分布：エルサルバドル・ホンジュラス・ニカラグア・コスタリカ・グアテマラ

　本種は CB・WC 共に安価に流通します。多湿な森林などに生息します。尾にさほど栄養を蓄えず、乾燥に弱いため、湿度に注意して飼育します。幼体は暗色と黄褐色のバンド模様をしており、成長に伴い体色は明るく、模様は崩れます。模様や発色には個体差が見られるため、好みの個体を探してもおもしろいでしょう。WC を選ぶ際はある程度尾が太く、肌質の良いものを選びます。

バンドトカゲモドキ
Coleonyx variegatus

バンドトカゲモドキ

バンドトカゲモドキ "リューシスティック"

全長：11cm 程度
分布：アメリカ合衆国・メキシコ

　チワワトカゲモドキを大きくしたような外見で、

ベビーも似ていますが、成体の斑紋の大きさなどに違いが見られます。乾燥した半砂漠地帯に生息します。亜種が知られていますが識別は容易ではなく、交雑個体も確認されています。CB が比較的流通しており、育った個体であれば丈夫で飼育は容易。また、リューシスティックといった品種も知られています。WC は状態が悪いものも珍しくなく、立ち上げが難しいこともあります。WC を飼う場合、尾が太った個体を選ぶと良いでしょう。ベビー時はイエコオロギの3齢サイズなどを与えますが、与えすぎによる吐き戻しに注意します。

アメリカ
トカゲモドキの飼育方法

これら3種のアメリカトカゲモドキ属について、飼育方法を紹介します。

● ケース

床面積は飼育個体の全長の1.5〜2倍×1〜1.5倍・高さは1〜1.5倍程度。通気性があり、しっかりと蓋をできるケースを使用します。高さのあるケースで流木やコルクでレイアウトを組めば、夜間に立体的な活動も観察できます。

● 温度・湿度

チワワトカゲモドキとバンドトカゲモドキはヒョウモントカゲモドキ同様の環境で良いです。昼夜の温度差があると状態良く飼育できますが、パネルヒーター程度の保温でも飼育できます。

ボウシトカゲモドキは温度28℃程度、湿度は80%程度を維持します。湿度をウエットシェルターや床材などでコントロールし、蒸れと低温には注意します。

● 床材

チワワトカゲモドキとバンドトカゲモドキには細かめの赤玉土やソイルを推奨します。室内の環境に合わせて、過度な乾燥をしないようヤシガラなどを混ぜても良いでしょう。

ボウシトカゲモドキは湿らせた赤玉土などのソイル系・ヤシガラ・腐葉土などが湿度管理をしやすく、これらを混合することで管理しやすい用土を作っても良いでしょう。あまりにべちゃべちゃの状態にならないよう注意します。

● シェルター

シェルターは必ず設置します。チワワトカゲモドキとバンドトカゲモドキはドライシェルターのみでも良いです。

ボウシトカゲモドキはウエットシェルターを用いると湿度管理がしやすいです。

● 餌・水

餌と水はヒョウモントカゲモドキ同様のものを使用し、個体に合わせて餌の大きさを調整します。コオロギ類が消化面や大きさの面で使用しやすいです。ベビーからヤングでは小さな餌が必要となるため、活き餌を使用すると良いでしょう。チワワトカゲモドキとバンドトカゲモドキでは1日に1回霧吹きで給水します。

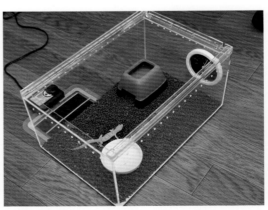

飼育環境例（バンドトカゲモドキ）

アジア
トカゲモドキ属
Eublepharis

　ヒョウモントカゲモドキも属するアジアトカゲ
モドキ属の仲間は、ペットルートで流通している
ものが多く、2023年現在ではハードウィッキート
カゲモドキから分離されたソメワケトカゲモドキ
Eublepharis pictus を除く種なら、流通量はそう少な
くありません。しかしながら、ヒョウモントカゲモ
ドキとその亜種以外は比較的高価で、飼育もヒョ
ウモントカゲモドキ同様とは言えません。ペットルー
トで入手可能なものについて紹介します。なお、ヒョ
ウモントカゲモドキの亜種は P.177 ～ 178 をご覧
ください。

オバケトカゲモドキ

Eublepharis angramainyu

全長：30cm 程度
分布：イラン・イラク・シリア・トルコ

　ヒョウモントカゲモドキと比べて大型になる種です。
ヒョウモントカゲモドキに比べて性成熟に時間を要し
ます。あまり太らせすぎないように適正な体型を意識
して飼育しましょう。幼体はヒョウモントカゲモドキの
マックスノーを思わせるような白黒のバンド模様をし
ていますが、成長に伴い褐色とクリーム色の不明瞭
なバンド模様になり、斑紋が見られるようになります。
いくつかの産地が知られており、コレクションしてい
る愛好家も少なくありません。今後、さらに多くの産
地の個体が流通する可能性もあります。

　以下に主に流通するものを紹介します。なお、概
ねヒョウモントカゲモドキに比べて細長い体型をし
ており、四肢は長く、産地によって模様や体色に差
が見られます。フゼスタンやチョガ・ザンビールと
して流通する個体は他産地に比べてヒョウモントカ
ゲモドキに近い体型で、他の産地に比べてあきらか
に頭幅や胴幅が広く、重量感のある印象を受け、四
肢も短いです。

- **イーラム**　Ilam Province
- **ケルマンシャー**　Kermanshah Province
- **フゼスタン**　Khuzestan Province
  - **チョガ・ザンビール**（Chogha Zanbil）
    チョガ・ザンビールのような体型は「低地型」
    とも言われ、他の産地に比べて原産地の標高が
    低いです。
  - **マスジェデ・ソレイマーン**（Masjed Soleyman）
    マスジェデ・ソレイマーンは同じフゼスタン州
    の中でも、チョガ・ザンビールに比べて原産地
    の標高が高く、「高地型」と呼ばれる細長い体型。
- **ファールス**　Fars Province

オバケトカゲモドキ "イーラム"

オバケトカゲモドキ "イーラム"（若い個体）

オバケトカゲモドキ "ケルマンシャー"

オバケトカゲモドキ "フゼスタン／チョガ・ザンビール"

オバケトカゲモドキ "フゼスタン／
マスジェデ・ソレイマーン"

オバケトカゲモドキ "ファールス"

オバケトカゲモドキ "ファールス"（若い個体）

卵の大きさの比較。ヒョウモントカゲモドキ（上）とオバケトカゲモドキ（下）

ダイオウトカゲモドキ

Eublepharis fuscus

ダイオウトカゲモドキ

全長：25cm 程度

分布：インド

　ニシインドトカゲモドキとも呼ばれます。流通する以前は最大40cm に達する属内最大種とも言われていましたが、実際には中型程度の種です。ヒョウモントカゲモドキと比べて肌の質感は滑らかで、虹彩の色は暗く、体型にも差が見られます。幼体では暗色の体に黄褐色のバンド模様があり、成長に伴い暗色部は斑紋の集まったような様子に変化し、バンド模様部分にも斑紋が現れます。

ハードウィッキートカゲモドキ

Eublepharis hardwickii

ハードウィッキートカゲモドキ

全長：22cm 程度

分布：インド・バングラデシュ

　ヒガシインドトカゲモドキとも呼ばれます。暗色の体に黄褐色のバンド模様が見られ、頭部を縁取ったような白色の模様が入ります。同属他種に比べ、成体になってもあまり模様が変化しません。虹彩の色も多種に比べてあきらかに暗く、黒目がちです。他種に比べると、やや湿度のある環境を好むようですが、キョクトウトカゲモドキ属ほどの多湿は必要ありません。

サトプラトカゲモドキ

Eublepharis satpuraensis

全長：25cm 前後

分布：インド

　本種はヒョウモントカゲモドキに比べてがやや細長い体型の印象を受けます。ちょうどヒョウモントカゲモドキとオバケトカゲモドキの間のような外見をしています。幼体時では暗色と黄褐色のバンド模様が見られますが、ヒョウモントカゲモドキ同様に成長に伴い斑紋が現れ、変化していきます。あまり太らせすぎないように飼育したほうが良いでしょう。

サトプラトカゲモドキ

ヒョウモンカゲモドキとは

飼育編

繁殖編

飼育管理編

品種編

品種紹介

市販のカゲモドキの仲間

トルクメニスタントカゲモドキ
Eublepharis turcmenicus

全長：23cm 程度

分布：ロシア・キルギス・トルクメニスタン・イラン

　最もヒョウモンカゲモドキに近縁で、外見も似ています。ヒョウモンカゲモドキに比べて体色は黄色みが薄く、斑紋はやや大柄、細身で華奢とされています。しかし、ヒョウモンカゲモドキ同様によく太った個体が流通するうえに、ヒョウモンカゲモドキとの交雑と思われる個体も散見されるため、判別は容易ではありません。

トルクメニスタントカゲモドキ

アジア
トカゲモドキの飼育方法

　これらの種について、飼育方法を紹介します。

● ケージ

　床面積は飼育個体の全長の 1.5 〜 2 倍×1 〜 1.5 倍、高さは 1 〜 1.5 倍程度、しっかりと蓋をできるものを使用します。高さのあるケージで流木やコルクでレイアウトを組めば、夜間に立体的な活動も観察できます。

● 温度・湿度

　ヒョウモンカゲモドキに準じます。ハードウィッキートカゲモドキとサトプラトカゲモドキはやや湿度を高めにし、ウエットシェルターも常設します。ただし、キョクトウトカゲモドキ属ほどの多湿は必要ありません。

● 床材

　ヒョウモンカゲモドキを除く本属のものは、ペットシーツやキッチンペーパーでの飼育は推奨しません。赤玉土のようなソイル系やヤシガラなど湿度コントロールに長けたものが良いでしょう。

● シェルター

　ヒョウモンカゲモドキ同様の基準のものを使用し、必ず設置します。ウエットシェルターとドライシェルターを併設しても良いでしょう。

● 餌・水

　餌と水はヒョウモンカゲモドキ同様のものを使用します。冷凍餌や人工飼料には反応が鈍い個体もいるため、活き餌を使用すると良いでしょう。ヒョウモンカゲモドキでも言えますが、太らせすぎないように注意します。

キョクトウ
トカゲモドキ属
Goniurosaurus

　本属のものはヒョウモントカゲモドキに比べて多湿でやや低温を好み、ハンドリングは推奨しません。ヒョウモントカゲモドキのような触れ合いを目的とした飼育には適しません。ヒョウモントカゲモドキよりもエキゾチックな外見や生態を観賞して楽しみましょう。

　キョクトウトカゲモドキ属のすべての種がワシントン条約（CITES。絶滅のおそれのある野生動植物の種の国際取引に関する条約）によって国際的な取引が制限されています。以前は安価に WC が流通しており、状態の悪いものも多く見られました。現在では流通するもののほとんどが CB で、状態の良いものが流通しますが比較的高価です。また、安定して流通する種も限られるようになりました。ここでは流通が安定して入手が容易な2種を紹介します。なお、日本に生息するオキナワトカゲモドキとその亜種、オビトカゲモドキは県指定天然記念物や国内希少野生動植物種（絶滅のおそれのある野生動植物の種の保存に関する法律に基づく）に指定されており、ホビーでの飼育はもちろん、捕獲もできません。国内種の生息環境は本属の他種を飼育する際の参考になるため、興味のある人は実際に現地に行ってみるのも良いでしょう。入ってはいけない場所や見つけづらい点もあるため、現地に精通したガイドと同行することを推奨します。

クロイワトカゲモドキ。天然記念物に指定されているため捕獲や飼育はできません

バワンリントカゲモドキ
Goniurosaurus bawanglingensis
バワンリントカゲモドキ

全長：15cm 程度
分布：中国

　幼体時は鮮やかなオレンジ色をしており、バンド模様が明瞭です。成長に伴って体色は暗褐色になり、バンド模様は不明瞭に、斑紋が散らばるようになります。本属の他種に比べ、やや乾燥した環境で飼育が可能です。環境さえ整えれば飼育は難しくありません。

ハイナントカゲモドキ
Goniurosaurus hainanensis
ハイナントカゲモドキ

ハイナントカゲモドキ "アルビノ"

全長：16cm 程度
分布：中国

　幼体時は暗色の体色に、白色からオレンジ色のバンドが入ります。成長に伴い、バンドが不明瞭になる個体も見られます。本属の中で最も流通しており、入手も難しくありません。稀にアルビノも流通しています。入手しやすいが故か、ヒョウモントカゲモドキの延長で飼育を開始し、間違った飼育方法（特に温度と湿度）によって殺してしまう飼育者が散見されます。環境さえ整えれば飼育は難しくありません。

キョクトウトカゲモドキとは

飼育編

繁殖編

健康管理編

品種編

品種紹介

他のトカゲモドキの仲間

キョクトウ
トカゲモドキの飼育方法

紹介した本属の2種について、CB個体を基準とした飼育方法を紹介します。WCの場合はよりケージの大きさや温度・湿度などの環境に配慮が必要です。本属のものはヒョウモントカゲモドキのような触れ合いを目的とした飼育には適しません。

●ケージ

床面積は飼育個体の全長の1.5〜2倍×1〜1.5倍、高さは1〜1.5倍程度のものが良いでしょう。蒸れに弱いため、通気性が良く、蓋のできるものを選びます。湿度や通気性の面から、大きめのケージを用いても良いでしょう。

●温度・湿度

温度は24〜26℃、湿度は80〜90%程度を目安とします。過度な乾燥と高温は拒食や脱皮不全の原因となります。ハイナントカゲモドキに比べて、バワンリントカゲモドキは多少乾燥気味でも飼育可能です。

●床材

ペットシーツやキッチンペーパーでの飼育は推奨しません。ヤシガラや腐葉土などの湿度コントロールに向いたものを推奨します。必要に応じて赤玉土などを混合しても良いでしょう。全体を湿気させるのではなく、一部を乾き気味に管理し、生体が自身で環境を選べるようにしても良いです。

●シェルター

シェルターは必須。ウエットシェルターとドライシェルターと併設しても良いでしょう。ヒョウモントカゲモドキと比べ、日中はほとんどシェルターから出てきません。流木やコルクなどを配置すると、夜間に立体的な活動をしている様子が観察できるでしょう。

●餌・水

コオロギ類を推奨します。ヒョウモントカゲモドキの場合と同様に、ガットローディングとダスティングを行います。ピンセットからは食べない個体もいるため、活餌を消灯前に放し餌すると良いです。大きな餌を苦手とする場合があるため、ヒョウモントカゲモドキに比べて、飼育個体に対してやや小さめのコオロギ類を使用します。

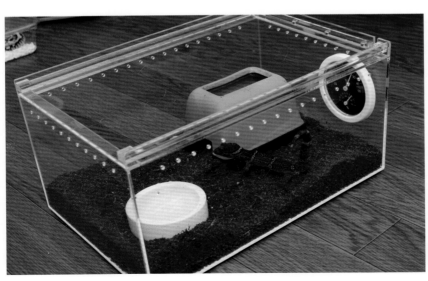

飼育環境例
（ハイナントカゲモドキ）

フトオ
トカゲモドキ属
Hemitheconyx

　本属はニシアフリカトカゲモドキとテイラートカゲモドキを含みます。テイラートカゲモドキは流通量が少なく、飼育も容易とは言えないので本書では割愛します。

ニシアフリカトカゲモドキ

Hemitheconyx caudicinctus

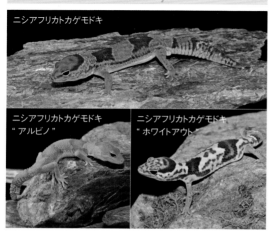

ニシアフリカトカゲモドキ

ニシアフリカトカゲモドキ
"アルビノ"

ニシアフリカトカゲモドキ
"ホワイトアウト"

全長：21cm 前後
分布：カメルーン・ナイジェリア・セネガル・トーゴ・マリ・コートジボワール・ガンビア・ベナン・ブルキナファソ・ニジェール・ガーナ・ギアナ・シエラレオネ

　ニシアフリカトカゲモドキはトカゲモドキ類の中でもヒョウモントカゲモドキに次ぐ人気種で、品種もたくさんあります。ヒョウモントカゲモドキと違い、現在でもWCが多く流通します。他の爬虫類の例に漏れず、ニシアフリカトカゲモドキでもWCとCBでは飼育難易度にかなり差があります。WCはCBに比べて安価ではありますが、ヒョウモントカゲモドキの次に飼育するのであればCBを選んだほうが無難。WCの中には変わった外見の個体が時折見られるほか、産地ごとに大きさや体色に差があるよう思います。注意深く見ても良いでしょう。

ニシアフリカ
トカゲモドキの飼育方法

　ニシアフリカトカゲモドキの飼育方法について紹介します。トカゲモドキ類の中ではヒョウモントカゲモドキに次ぐ人気種で、CBであればヒョウモントカゲモドキの次に飼育を勧められる種です。

● ケージ
　床面積は飼育個体の全長の1.5～2倍×1～1.5倍、高さは1～1.5倍程度のものが良いです。

● 温度・湿度
　温度は30℃前後、湿度は60%程度を目安とします。ヒョウモントカゲモドキより高温多湿を意識します。

● 床材
　CBであればキッチンペーパーを床材とし、ウエットシェルターを用いて湿度を管理する飼育スタイルも可能です。WCであれば湿度の変化に敏感な面があるため、ヤシガラや腐葉土・赤玉土などの湿度コントロールに向いたものを推奨します。

● シェルター
　ウエットシェルターは必須です。ドライシェルターと併設しても良いでしょう。

● 餌・水
餌と水はヒョウモントカゲモドキと同様。

飼育環境例

謝 辞

本書執筆にあたり、ご協力頂きました専門ショップとブリーダーの方々、川添宣広氏。私がヒョウモントカゲモドキのブリードにのめり込む最大のきっかけとなった寺尾佳之氏、川口晃司氏。諸先輩方、友人。生き物ばかりを見ているような私を支えてくれる妻。いつまでも飽きることのない楽しみと出会いをくれるヒョウモントカゲモドキたち。この場を借りて深くお礼申し上げます。

Profile プロフィール

著 ● 中川 翔太 SYOTA NAKAGAWA

香川県生まれ。豹紋堂の屋号でブリーダーとして活動。SBS 四国ブリーダーズストリート事務局長。2023年より Leopard Gecko Festival（通称レオパフェス）事務局長も務める。大学生時代、友人から預かった1匹のヒョウモントカゲモドキと、ぶりくら市で出会った多くの人と生き物をきっかけにブリーダーとして活動を開始。2017年、念願であった四国初の爬虫類イベント SBS 立ち上げを果たす。バンディットをこよなく愛する。ヒョウモントカゲモドキの他にも小型ヤモリ類やトカゲ類・カメ類などを幅広く飼育。

SBS 公式サイト：https://4breedersstreet.jp/ 　　LeopardGeckoFestival Twitter：@LeopardGeckoFes
豹紋堂 Twitter & Instagram：@hachu260303

写真 ● 川添 宣広 NOBUHIRO KAWAZOE

1972年生まれ。早稲田大学卒業後、2001年に独立（E-mail novnov@nov.email.ne.jp）。爬虫類・両生類専門誌『クリーパー』をはじめ、『日本の爬虫類・両生類生態図鑑』『日本の爬虫類・両生類野外観察図鑑』『日本のサンショウウオ』『ヒョウモントカゲモドキ品種図鑑』（誠文堂新光社）などのほか、『爬虫類・両生類1800種図鑑』（三才ブックス）など手がけた関連書籍・雑誌多数。

Books for reference 参考文献

【参考ウェブサイト（アルファベット順）】

BC-reptiles Eublepharis Facebook
BMT Reptile Group (Facebook)
CoolLizard.com http://coollizard.com
CsytReptiles http://www.csytreptiles.com
DC Geckos https://www.dcgeckos.co.uk
DER LEOPARDGECKO https://www.der-leopardgecko.de
Gecko Time https://geckotime.com
Geckoboa https://www.geckoboa.com
GeckosEtc.com https://geckosetc.com
Impeccable Gecko https://www.impeccablegecko.com
JBReptiles https://jeremiebouscail.wixsite.com
JMG Reptile http://www.jmgreptile.com
Leopard Gecko Wiki http://www.leopardgeckowiki.com
LEOPARDGECKO.COM http://www.leopardgecko.com
Planet Morph http://planetmorph.weebly.com

Ray Hine Reptiles UK http://rayhinereptiles.co.uk
The Urban Reptile https://theurbanreptile.com
とっとこのレオパ覚え書き https://totokoleopa.amebaownd.com/

【参考書籍（五十音順）】

LEOPARD GECKO MORPHS（Ron & Helene Tremper）
LEOPARD GECKOS - The Next Generations（Ron Tremper）
TheLeopardGecko Manual（Philippe De Vosjoli）
クリーパー No.77 トカゲモドキ属の分類と自然史（前編）（Go!!Suzuki：クリーパー社）
ヒョウモントカゲモドキ品種図鑑（中川翔太：誠文堂新光社）
ヒョウモントカゲモドキと暮らす本（アクアライフの本）（寺尾佳之：エムピージェー）
ヒョウモントカゲモドキの健康と病気（小家山仁：誠文堂新光社）
ヒョウモントカゲモドキの取扱説明書 レオパのトリセツ（石附智津子：クリーパー社）
ヒョウモントカゲモドキ完全飼育（海老沼剛：誠文堂新光社）
ヤモリ大図鑑（ディスカバリー生き物・再発見）（中井穂瑞領：誠文堂新光社）
他多数

協力　アクアセノーテ、Artifact、アンテナ、ESP、右川颯矢、エキゾチックサプライ、邑楽ファーム、大津熱帯魚、沖縄爬虫類友の会、SBS、エンドレスゾーン、オリリザ、カミハタ養魚、亀太郎、キボシ亀男、キャンドル、日下知季、小家山仁、サムライジャパンレプタイルズ、Jewelgeckos、秋海棠、しろくろ、須佐利彦、スドー、スティーブサイクス、蒼天、高田爬虫類研究所、多田季美佳、TCBF、ドリームレプタイルズ、トロピカルジェム、中村暢希、永野修人、ネイチャーズ北名古屋店、バグジー、爬虫類倶楽部、Herptile Lovers、V-house、豹紋堂、ぶりぃ堂、ぶりくら市、ペットショップふじや、ペットハウスブーキー、プミリオ、BebeRep.、松村しのぶ、マニアックレプタイルズ、安川雄一郎、やもはち屋、油井浩一、ラセルタルーム、リミックス ペポニ、Reptilesgo-DINO、レプティスタジオ、レプレプ、ロン・トレンバー、ワイルドモンスター

【協力・写真提供】

SBS 四国ブリーダーズストリート

Eelco Schut 氏 (BC-reptiles)

Miles Schwartz 氏 (Impeccable Gecko)

STAY REAL GECKO 右川 颯矢

レオパノアトリエ 中村 暢希

黒木俊郎 (岡山理科大学獣医学部)

村岡慎介 (小田原レプタイルズ)

【制作】

Imperfect (竹口太朗／平田美咲)

飼育・繁殖・健康管理・品種など、逆引きだからすぐ使える！

ヒョウモントカゲモドキ
お悩み解決事典

2023 年 9 月 17 日　発　行　　　　　　　　　　　　　NDC480

著　　　者　　中川 翔太
編集・写真　　川添 宣広
発　行　者　　小川 雄一
発　行　所　　株式会社 誠文堂新光社
　　　　　　　〒113-0033 東京都文京区本郷 3-3-11
　　　　　　　電話 03-5800-5780
　　　　　　　https://www.seibundo-shinkosha.net/
印刷・製本　　図書印刷 株式会社

Ⓒ Nobuhiro Kawazoe. 2023　　　　　　　Printed in Japan

ISBN978-4-416-52396-4